独露比較農民史論の射程

――メーザーとハックストハウゼン

肥前榮一

未來社

独露比較農民史論の射程

——メーザーとハックストハウゼン——

◆目次

III　比較農民史の射程

装幀――岸顯樹郎

独露比較農民史論の射程

――メーザーとハックストハウゼン――

I　ドイツ農民論

一、ユストゥス・メーザーの国家株式論について——北西ドイツ農村定住史の理論化——

「自由な土地に自由な民とともに住みたい。」

（ゲーテ『ファウスト』第二部第五幕）


「歴史の教訓は以下の通りである。健全な農民層を維持している国民は、たとえ敗北し屈服させられた場合でもつねに、アンタイオスと同様、大地から新しい力を得てふたたび立ち上がるであろう。そしてヘラクレスがアンタイオスを抱えあげて土地から切り離したのちに、容易に扼殺することができたのと同様、農民層を消滅させて、すべてを養う母なる大地との人間の絆を断ち切った国民もまた、滅亡せざるをえないのである。」

（ゲオルク・ハンゼン『人口発展の三段階』四〇七頁）

一、ドイツ歴史派経済学の父ユストゥス・メーザー

『郷土愛の夢』の著者ユストゥス・メーザー（一七二〇—九四年）は北西ドイツの小領邦国家であるオスナブリュック司教領の文人政治家であって、やや遅れて同時代を生きたワイマールの文人政治家ゲーテが『詩と真実』のなかでその業績と人柄とを絶賛したことで知られている。メーザーは創作し、代

表作『オスナブリュック史』（一七六八年）において郷国オスナブリュックの歴史を叙述し、さらにはフリードリヒ大王を相手取って、ドイツ文学＝言語をフランスの支配にたいして擁護する論陣を張った。[☆1]

しかしメーザーは同時にドイツ経済学史＝国家思想史上の巨人でもある。ディルタイは端的にメーザーを「歴史派経済学の父」であるとした。[☆2]すでに歴史派経済学の先駆者リストはその『農地制度論』の冒頭において『オスナブリュック史』に見えるメーザーの「国家株式」としての土地所有を論じた。[☆3]ロッシャーはメーザーのもうひとつの代表作である小論説集『郷土愛の夢』（一七七四―八六年）を「十八世紀ドイツ最大の経済学者」の作品として高く評価した。ロッシャーによればメーザーは一、民衆の日常生活に着目し、二、下層民と国民全体という両方の意味における「民衆（フォルク）」を愛し、三、歴史的方法を導入した最初の人である。ロッシャーはメーザーの経済学を「十八世紀の諸理念にたいする歴史的―保守的反作用」をそのもっとも生産的な様相において示しているとみる。[☆4]

メーザーの農政思想を特徴づける国家株式論はさらに、シュモラーらによって新たに注目されつつ、十九世紀末プロイセン―ドイツの内地植民政策の基本理念となる。しかしブレンターノは逆にメーザー思想を内地植民政策の「新封建主義」の思想的源流をなすものとして厳しく批判した。[☆5]小林昇はそのリスト研究において、『農地制度論』のリストが、その歴史認識の深化をメーザーに負っていることを確認したうえで、メーザーからリストを経て第三帝国の農相ダレーへと流れるドイツ農政思想の深い暗流について示唆した。[☆6]

『郷土愛の夢』は、一方ではこのように国家株式論を展開しつつ、古ゲルマンの武装したヴェーレン（フーフェ＝株式所有農民）の自由について論ずるかと思えば、[☆7]他方ではあたかもリストの『経済学の国民的体系』やヴェーバーの『プロテスタンティズムの倫理と資本主義の精神』を思わせる筆致で経済政策や近代農村工業の精神的基礎を論ずるというふうに、[☆8]ロマン主義と啓蒙主義とのあいだを闊達に往還しているように見える。メーザーは歴史主義的思考法と自然法的思考法とのせめぎあう、潮目に立つ思想家なのである。

以下ではこの『郷土愛の夢』の成立事情に触れたうえで、そこに含まれ、その根底をなす彼の国家株式論について、その内容と意義また問題点をおおまかに説明してみたい。[☆9]

二、『郷土愛の夢』の成立事情

司教領の中心都市オスナブリュック市の名望家の生まれであるメーザーは、一七四〇―四二年にイエーナ大学とゲッティンゲン大学で法学を学んだあと、一七四三年に弁護士として、また一七四四年に騎士団（リッターシャフト）の秘書として、郷国での活動を開始した。出自と能力との双方に恵まれたメーザーはやがて頭角を現わし、一七四七年には国務弁護士（アドヴォカートゥス・パトリアエ）に任命され、一七五六年には騎士団の法律顧問（ジュンディクス）を兼任する。一七六二年には刑事裁判所の法律顧問（クリミナル・ユスティツィアル）に任命される。一七六四年には政府の法律顧問（レギールングス・コンズレント）に任ぜられ、幼年であった司教領君主ヨーク公フリードリヒの摂政を勤める。そしてついに一七六八年には政府書記官（レギールングス・レフェレンダール）として、国政の中枢に位置することとなる。この地位にあって、彼は終生、オスナブリュック司教領の国政全般にたいして大きな影響力を発揮した。七年戦争の打撃からの経済的・財政的・政治的・精神的回復を緊急の課題とする司教領の、司法・立法・行政の三権にわたって、広範な影響力を行使することのできる「郷国の大家父長」として、オスナブリュックに君臨したのである。[☆10]

こうしてメーザーの業績の第一に挙げられるべきは、国政担当者としてのそれであったといって良い。彼はオスナブリュックにドイツの他地方に認められないほど明瞭に、古ゲルマン人の制度や慣習が維持されていることを認め、ゲルマン法の維持再生に意を用いた。それによって第一に保護さるべきは、安定した財産を所有し、自治組織を通じて国政に参加するとともに軍役、納税等の義務（「輪番義務」）を負う、自由で名誉ある農民（と都市市民）である。一七六六年に彼は週刊新聞「オスナブリュック週報」を創刊した。そうした農民（を始めとする郷国人）を郷土愛（市民的公共心）の涵養を目的として啓蒙し、公論の担い手たらしめるためにである。「著述家という立場がユストゥス・メーザーの場合ほど、著者の外面的な活動や状況から直接かつ明瞭に生じてきたことは、おそらくまれである」と、ディルタイが指摘するゆえんである。[☆11] メーザーは言う。「私は望むのだが、農民もまた歴史を利用するべきであり、政治制度が彼にとって正しいものかそれとも不正なものか、またそれはどの点においてであるかを、歴史を通じて見抜くことができねばならない」と。[☆12] こうした信念にもとづいて、彼はこの「週報」の編集をみずから一七八二年にいたるまで担当し、きわめて多岐にわたる諸問題を論じた小論説を寄稿しつづけた。そして編集を後任者に譲ってのちも、寄稿は一七九二年までつづいた。娘であるフォークツ夫人の編集により、これらの小論説が集成されて生まれたのが、『郷土愛の夢』（全四巻、第Ⅰ巻＝一七七四年、第Ⅱ巻＝七五年、第Ⅲ巻＝七八年、第Ⅳ巻＝八六年）である。[☆13] 出版を引き受けたのは、友人であるベルリンの出版者ニコライである。[☆14]

ロッシャーも指摘するとおり、そこで扱われた問題は多岐にわたっているが、その基礎に横たわっている彼のユニークな国家株式論について解説するのが、小稿の課題である。[☆15] しかし本題に入る前に、まずもってディルタイの言う「外面的な状況」つまり国家株式論の社会経済史的・国制史的背景について述べておかねばならない。それはオスナブリュックを含む北西ドイツ農村定住の歴史である。

三、北西ドイツ農村定住史のあらまし

（A）フーフェ制度――北西ドイツの農民と奉公人――

オスナブリュックを含む北西ドイツにおいては、農民が定住を開始したのは、フランク王国によって征服される以前の旧ザクセン時代（九世紀以前）のことであった。彼らは最古の農村定住者＝旧農民（アルトバウエルン）であり、マイアーあるいはエルベあるいはコロンと呼ばれた。そこには後年の中南部ドイツに通例の耕区（ゲヴァン）をもつ集村への発展がなく、長地条型の耕地（エッシュ）を備えたルースな定住形態（ドルッベル）ないし耕地自体が孤立分散した散居制定住（カンプ）が行なわれていた。これがいわゆる「原初村落」であり、まとまった土地区画を備えた散居農場への発展がここから始まる。

しかしこうした北西ドイツと中南部ドイツの定住形態の相違を超えて共通に成立したのがフーフェ制度である。つまり、基本的に三世代共住の直系家族からなる各農家は宅地＝庭畑地所有権、三〇モルゲンを基本単位とする耕地所有権、共有地（とくに森林）用益権という三層からなる権利を有し、これが農家経済の再生産を支える基盤となっていた。

フーフェはまた観念化されて、共同体株（ゲマインデ・アクツィエ）として観念された。フーフェの所有者のみが共同体のメンバーたりうるというのである。したがってまた村落共同体はフーフェ所有者からなる株式会社（コルポラツィオン）である。

したがってまた、フーフェを所有しない者は共同体のメンバーではありえず、奉公人＝下僕（ゲジンデ）となるしかなかった。一子相続制が確立するにつれて、フーフェの非相続権者である次・三男が奉公人となった。こうして農民と奉公人とはフーフェ制の盾の両面であり、奉公人は農民と並ぶきわめて重要な始原的な農村住民なのである。

(B) 中世中・後期における農村下層民の諸カテゴリーの成立——奉公人からの上昇——

中世中期にはフーフェの分裂が起こった。一方では多フーフェ所有者が現われるとともに、他方では二分の一、四分の一フーフェ所有の零細フーフェ農民も現われたのである。

しかしそれよりももっと重要なのは、奉公人に発する以下の動向である。奉公人は世帯の独立を求めて、あるいは東部植民に参加し、あるいは成立過程にある中世都市へと流出するが、その主要部分は村落にとどまって開墾に従事する。そして上昇して非フーフェ地を経営して、共同体の不完全構成員であるさまざまな農村下層民となるのである。

一、世襲ケッター（エルプ・ケッター）。ドルッベルのなかに住居をもち、非フーフェ地を経営する。農民が十三世紀初頭に定住を終えるのにたいして、やや遅れて十世紀から十五世紀前半まで（「世襲小屋の時代」）に定住する下層民である。その住居は屋敷（ホーフ）ではなく小屋（コッテン）と呼ばれる。ケッターとは小屋住みという意味である。しかし彼らは、下層民ではあれ、農村のなかで農民に次ぐ高い社会経済的地位を占めている。

二、共有地ケッター（マルク・ケッター）。十五世紀後半以降の約二〇〇年間（「共有地小屋の時代」）に定住した階層である。共有地に入植して共有地小屋（マルク・コッテン）に住み、六―一〇モルゲンの小土地（カンプ）を経営する。その小屋がもはや村落内になく共有地すなわち森林内部にあること（＝散居的定住形態）がその特徴である。農業よりも牧畜に経営上の比重がかかっている。それは農村過剰人口の最初の現われであり、彼らの定住とともに森林破壊（＝中世の環境破壊）が始まった。

三、ブリンクジッツァー。十六世紀末―十八世紀（「ブリンクジッツァーの時代」）に村落周辺や共有地にある荒蕪地（ブリンク）に入植した、極小の共有地ケッター層。

四、ホイアーリング。十六世紀に発生し十九世紀前半にいたるまで増加しつづけた階層である。世襲ケッター、共有地ケッター、ブリンクジッツァーが、いずれも本来の旧農民でないとはいえ、村落内部あるいは共有地に自分の居住小屋をもち、また非フーフェ地であるとはいえ耕地を、また共有地用益権をもつ独立の定住者であったのにたいし、ホイアーリングは非定住の村落居住者つまり寄留民である。彼らはもはや共同体の不完全な構成員でさえなく、通常農民の屋敷地内に、農民の隠居所やパン焼き小屋などを改造したその小屋と付属地とを賃借りしており、そこに家族とともに居住していた。彼らは小規模な農業のほか、経済的に繁栄するオランダへの出稼ぎ（「オランダ渡り」）やいわゆる「プロト工業」と呼ばれる農村工業（とくに麻織物工業）に従事していた。彼らは共同体成員ではなく、国家や共同体にたいする共同体構成員＝輪番衆（ライエ・ロイテ）としての「輪番義務」を負わなかった。そして主家である個々の農民の家父長的な庇護下に立ち、自分の姓をもたず、農民の姓を借用した名子であった。したがって当然その社会的地位はきわめて低かった。しかし反面、彼らも奉公人から上昇した階層であり、奉公人とは異なり、農民家族の一員ではもはやなく、独立の世帯ならびに経営を形成していたのであった。ホイアーリングの急増は政策担当者によって、旧来の農民経済を危機に陥れる重大な要因として深刻に受け止められた。

一方、ホイアーリングの成立する十六世紀以降、それまで生涯独身で、やや奴隷的でさえあった奉公人層は、結婚前の一年齢階梯としての、いわゆるライフ・サイクル・サーヴァントとして再編成されて、ヘイナルの言う「ヨーロッパ的結婚パターン」の構成要素となるのである。

こうした農村における定住史の進展と並んで、中世中期以降には都市が発展するが、そこでもまた、商人（カウフマン）や手工業者（ハントヴェルカー）のもとに同様の階層形成が進んでいた。農村のホイアーリングに対応するのが都市では小商人（クレーマー）である。これについては後述する。

こうして北西ドイツ農村では九世紀から十八世紀にいたるまで、長期にわたる階層分化が進んだのであって、そこに最古の定住者たる農民を頂点に、さまざまな新参の下層民がヒエラルヒッシュに階梯を形成する「制度化された不平等」の世界が確立する。十八世紀後半にメーザーが行政官および理

論家として対象としたのは、この農村社会である。[☆16]

四、国家株式論について

さてメーザーの国家株式論は、以上の史的発展を国家形成論として、ユニークな仕方で啓蒙主義の言葉で理論化したものである。これについてシュレーダーは言う。「メーザーは、国家は契約によって成立するという自然法の考え方を採用する。しかし彼はそれを『歴史的』な仕方で作り変えるのである。」すなわち、国家はいにしえの土地所有者たちが生命と財産とを守るために始原的な社会契約によって形成した株式会社である、と。またその考えの啓蒙主義的な目的についてゲッチングは言う。「メーザーにとって『株式理論』は、『自由と財産』の理念をオスナブリュックという農業社会の特殊な諸事情に適用し、『グルントヘルシャフト』という『封建的』な核心観念を克服し、そのさい土地所有者の市民的自由を確保し、同時に農場の資産を保護するための、唯一無二の手段であった」と。[☆17]

メーザーはすでに『オスナブリュック史』序文において、「ドイツの歴史は、もしわれわれが共同体の土地所有者を国民の真の構成要素として、その変遷を通じて追跡し、この土地所有者をもって身体とし、この国民の大小の役人は偶然身体に生じた悪い、ないし良い事態と見なすならば、まったく新しい方向をとることができる」という観点を打ち出していた。[☆18] すなわちオスナブリュックの歴史の真の主人公は、王侯貴族や官僚ではなく「国民の真の構成要素」である農民なのである。この農民の定住史の模写として歴史主義的でありながら、しかも啓蒙思想的な社会契約説による理論化が国家株式論にほかならない。

メーザー自身それを「自由と財産とをなによりも尊重する立場に立つ理論」と称した。[☆19] そしてこの問題についての最良の業績であると思われるハツィヒの研究は、メーザーの国家株式論を第一「自由と財産」の理論、第二「市民の名誉」の理論、第三「寄留民」の理論、という三つの部分に分けて解明している。[☆20] 以下ではそれを紹介したい。

（一）「自由と財産」の理論

この理論を展開したのが論説「農民農場を株式として考察する」（作品一五）である。そこでは国家が社会契約によって成立する株式会社として捉えられている。この論説の冒頭でメーザーは次のように述べている。「われわれはみな、東インドや西インドで交易を行なう巨大会社について、なにほどかの知識をもっている。これらの会社が一定の資本を投下した人びとから成り立っていることを、われわれは知っている。われわれはこの資本のことを株式と呼び、何人もそのような株式を所有するのでないかぎり、この会社に所属する者ではなく、そうした株主だけが会社の損益を分担するのだと、まったく明瞭に想定している。私が思うに、こうしたことをわれわれは良く知っており、もし誰かが、キリスト教会に属する者は誰でもすべて東インド会社の構成員であると見なすべきではないか、などと問うたら、もっとも単純な者でさえそれを笑うであろう。このような周知の形態に即して考えると、この概念はまったく明瞭である。ところがもし、市民社会をそのような会社として叙述し、すべての市民を一定の株式の所有者と見なし、右のような議論を行なうと、たちまち理解できなくなってしまう人がけっこうたくさんいるようだ。すなわち、人は博愛や宗教によってかの市民社会の構成員になりうるのではないということ、株主すなわち市民と人間一般すなわちキリスト教徒とを混同するや、ただちにこのうえなく明らかな謬論に陥るであろうことが、なかなか理解されないのである」と（一五七―八頁）。

北欧の農民が社会契約にもとづいてもつ土地株式（マンズス＝フーフェ、同前、一六一頁）は「それによって会社が商業をおこなう」のであり、他の自由財産とは区別されて扱われる。土地株式の所有は所有者の自由と名誉と権利とを基礎づけるものであり、また納税＝軍役を始めとする諸義務（輪番義務）がそれと結びついていた。こうした枠組みのなかでは、株式所有の有無を問わない普遍的な「人権」は、株式をもたない株主を想定する、意味を成さない観念である。すなわち、国家のなかにあって株式をもたない者は、株主すなわち市民とは区別されて下僕（＝奉公人）として扱われ、右の自由、名誉、権利を享受できない反面、それに伴う義務（輪番義務）を負わない。こうして「一国の歴史は人類の歴史ではなく、商事会社の歴史であらねばならないというのが、私の変わることなく確信する真理である」とメーザーは言う（付論二、二二一頁）。そのさい第一に、この「自由と財産」の理論は自覚的に歴史叙述のための理念型（「ひとつの理念的な線」）として構想されていた。「完全な直線などこの世のどこにも存在しない。それでも数学者は曲線を測定するために完全な直線を仮定する。自由と財産とのうえに国家の始原的な契約を基礎づける歴史叙述者は、まさに同じことを行なっているのである。」第二に、この理論はまた同時に株主である農民に公論の担い手＝市民としての政治批判の能力を与える「実用的な歴史」を提供するものであった。「農民もまた歴史を利用するべきであり、政治制度が彼にとって正しいものであるかそれとも不正なものか、またそれはどの点においてであるかを、歴史を通じて見抜くことができねばならない」(二二二頁)。

歴史上、このような国家株式会社の理想像が実現されたのは、古ゲルマンの、郷土防衛のヘールバン義務を負う武装した自由な土地所有者たち(ヴェーレン)が「最初の社会契約」=国家契約を締結して国家株式会社を結成してからのちの、フランク王国のカール大帝の時代であり、それはオスナブリュック史の「黄金時代」である。メーザーはこの時代の(オスナブリュックにとどまらず、北欧一般の)「農場定住農民である国民だけから成り立つような、小さな国家」の、規律に裏づけられ桃源郷のように満ち足りた生活を活写している(作品八、七三―七四頁)。しかしながらその後、農奴制への発展が始まり、また軍制の変化等にともなう会社の業務の発展につれて、増資が求められた結果、いまや土地ではなく動産や利得によって拠出する者、つまり商人や手工業者も株主の権利を獲得する(最初の定住者たちとこれら新参者とのあいだの第二次的な社会契約による「貨幣株式」の成立)。そして最後に人頭税の拠出が始まり「身体株式」が成立し、これによってすべての「人」が拡大された国家会社のメンバーとなる。ここに成立するのが領邦国家である。

しかしながらそれにもかかわらず、彼の描く国制の担い手は、オスナブリュック国の農業国的性格またその税制の性格にかんがみて、とりわけ農民農場所有者であり、なによりもその輪番奉仕への有能さを国家が求めるのである。したがって、土地株式=ヴェーアグートの性格を規定する物権法が人法に優先する。すなわち体僕と自由人との区別は理論的にはさしあたり「度外視[☆21]」されるのである。

「農民農場を株式として考察する」の後半では、健全な農民農場の再生維持という基本課題に即して、土地株式の小作人への貸し出しや公的負担と私的負担との優先順位といった、国家株式会社と封建的発展（一人の甲冑騎士による一一人の株主仲間の農奴化に始まる）との関連づけ（国家株式論を封建領主の利害と融和させる試み）の問題、さらには人法につらなる農奴制の問題が展開されている。そしてそれらは、農民政策的には、「十八世紀最重要の社会的テーマ[☆22]」であった。

（二）「市民の名誉」の理論

ここでは土地株式ではなく貨幣株式が出発点をなす。中世都市の発展につれて商人＝手工業者によって担われて、土地に代わる富の新しい形態である貨幣が登場する。そして軍制の変化（ヘールバンに代わる傭兵制の発展[☆23]）を主因とする国家会社の業務の拡大につれて必要となる増資のさいの新たな対象として、この貨幣的富が土地につづく富の第二の形態としての地位を占めるにいたる。そしてメーザーは土地株式を考察したさいにはそれに伴う国家的義務を重視したのにたいし、貨幣株式を考察するさいにはとりわけ身分的品位＝名誉の要求に力点を置いているとハツィヒは言う。けだし、名誉はそれを享受する商人や手工業者の勤勉あるいは正直さと技能を生む精神的土台だからである。「政治的名誉」は「自然状態」に代わる「市民的結合関係」(Möser, Bd. 5, S. 141) の一属性である。

彼は、一七三一年の帝国法に見られる手工業の名誉にたいする侵害（私生児にたいするツンフト加入の承認）を拒否する（メーザーの見るところ、そのような承認は、いま流行の「市民愛を犠牲にした人間愛[☆24]」の表われにほかならない）。けだしコルポラツィオンとしてのギルドを拠点として、手工業者の身分意識や古来の市民的名誉が再興さるべきだからである。土地株式についてはフランク王国のカロリング王朝期が黄金期であったように、貨幣株式についてはハンザ同盟期＝「ドイツ商業の黄金期」が過去の模範像を提供する。☆25

「名誉」は貴族のみならず農民、商工業者などの諸身分団体（＝コルポラツィオン）にそれぞれ固有の尊厳を与え、それによって社会に多様性が生まれ、ヴォルテールの主張とは逆に（作品九）、中央集権的なフランスに見られるような専制主義の普遍化的な傾向にたいする防壁が構築される。社会制度や法制の多様性の尊重はメーザー思想のもっとも重要な特質である。「もっとも優れた国制は王侯から発して、緩やかな階段を下りてゆくものである。そしてそれぞれの段がそれに固有の度合いの名誉を帯びている。」（Bd. 4, S. 32）商人（カウフマン）→手工業者（ハントヴェルカー）→小商人（クレーマー）という序列が主張される。小商人にたいするメーザーの態度は（ホイアーリングにたいする態度と同様）厳しい。これについては後述する。

（三）「寄留民」の理論

メーザーの描く国家像のなかで農民、都市民につづく第三のグループが寄留民である。しかも寄留民とりわけホイアーリング層は重要度において都市民を超えて、農民と並ぶもっとも重要な社会集団である。論説「古ザクセン人が人口増加に逆らった理由」（作品六）および「寄留民の人口増加が立法に及ぼす影響について」（作品八）はこれについて歴史的叙述を与えている。

彼の見るところ、古ゲルマン人のいにしえの国家はもっぱら農場に定住したメンバーのみで成り立っていた。この輪番義務を負った土地所有者たちは、この公共の負担を同様に担わない者を仲間と認めなかった。すなわち、土地を所有せず負担を担わない者は下僕とされた。したがって、農場所有者が罪を犯して処罰されねばならなくなったさいに、もっとも厳しい罰は土地財産の没収だったのである。

だがその後の史的発展の経過のなかで、次第に各種の新農民＝農村下層民が発生し、ついにはホイアーリングの成立にいたった。この過程で一連の変化が生じた。

第一に、かつて貨幣株主がそうであったように、いまや非定住の寄留民も国家のメンバーとなる。けだし、国家会社の支出の拡大とともに株式資本が増資されざるを得なくなり、不動産＝土地株式、貨幣的富＝貨幣株式と並んで、人間の身体が国家会計の第三の項目として組み込まれる（身体株式）。そして国家にたいして拠出されるべき給付のなかに、重税である月割り税（モナーツ・シャッツ）および財産税と並んで人頭税（あるいは、軽微なかまど税ラウホ・シャッツ）が現われる。傭兵制に代わって一般兵役義務制が発展する。[☆26] こうして「いまやどの人も大国家会社のメンバーとなる。あるいは領邦国家の臣民となる。」

第二に、刑罰の様式が変わる。寄留民にたいしては旧農民にたいするような土地財産の没収はもはや有効ではなく、身体刑＝死刑が重要となる。

メーザーは行政単位としての教区のなかで農民の支配のもとで、寄留民がその義務負担能力のなさに応じて無権利にとどまるべきことを力説し、さらには古ザクセン人の見解として端的に「これらの害虫を駆除」すべしとさえ説く。

これらの論説のなかでメーザーが非定住のホイアーリングを描く「どぎつい色彩」またその論調の「強い土の香り」に「同時代や後世の評者たちは、繰り返して不快感を覚えた」。しかしそれは為政者として、「新しい行政令のための指針を得る」ために、歴史から学ぶことの必要をメーザーが確信していたことによる、とハツィヒは言う。☆27「人口増加は彼にとっては、（健全な農場農民に過大な負担を強いることによってそれを疲弊させるという意味で）疑いなく司教領の重要な死活問題である。それに対処するという大目的には、大きな犠牲が必要だったのであり、そこで彼は断固とした健全な手段を支持するのである」と。

ホイアーリングと並んで厳しく取り扱われるのが小商人（クレーマー）である。すなわち、輸入業者であり、有害無益な小間物や奢侈品（火酒、コーヒー、茶、砂糖）あるいは近代的マニュファクチュアの画一化された製品の輸入によって民衆の良俗を乱し、国内経済に害をなす、寄生的でいわば前期的資本である小商人には名誉が与えられない。彼らは商人や手工業者のような貨幣株主ではない。小商人はしばしばユダヤ人である行商人であり、郷土したがってまた郷土愛をもたない。彼らはいわば商業における寄留民＝非定住の放浪者なのである。こうした「ユダヤ人その他の行商する小商人」(Möser, Bd. 4, S. 162) についてメーザーは言う。「いにしえの人びとは小商人が農村にやってくるのを許さなかった。彼らは市場の自由の許可の点で厳格であった。彼らはユダヤ人を当司教領から追放した。ではなぜそのように厳格であったのか？　明らかに、農民が日々刺激され、誘惑され、そそのかされ、騙されることがないようにという配慮からである。いにしえの人びとは、接触しさえしなければ誘惑されることもないという、実践的な原則に立脚していたのである」と。(Bd. 4, S. 188) また別の個所では、「商業する愛郷者」と「貧しい行商人」とが (Bd. 4, S. 189) また「穀物を買い占めるユダヤ人（コルンユーデ）」と「愛郷者（パトリオト）」とが端的に対置されている。(Bd. 5, S. 53, 55)[28]

こうしてメーザーの国家株式説を支える三つの大きな社会集団は農場定住農民（ならびにケッター、ブリンクジッツァー）、都市市民（商人、手工業者）、寄留民（ホイアーリング、小商人）であり、彼らの相互関係を規定するのが二重の社会契約である。[29]「第一の社会契約は最初の入植者すなわち国家のなかで農業を営む農場農民である土地株主が相互に取り結んだものであり、第二の社会契約は彼ら土地株主があとからやってきた者、すなわち都市市民や農村下層民に許容したものである。」そして寄留民は財産＝株式をもたないがゆえに（あるいは身体のほか株式をもたないがゆえに、したがってまた郷土愛をもちえないがゆえに、そしてまた専制政治の基盤となるがゆえに）、市民たりえない（あるいは不完全市民でしかありえない）と言うのである。フランス人もまた、ルソーの主張に反して、理論上はともかく実践においては、「株式をもつ市民」を「人間一般」から区別している。[30]

以上に見たように、「彼の見解は本質的に、オスナブリュックの状態を反映したものであり、国制を農場農民と市民との代表組織として考察するものである。それは寄留民を顧慮しない。けだし、寄留民はオスナブリュックでは身分代表をもたず、それへの要求を掲げないからである。[31]」

しかしまさしくこの点において、すなわち寄留民の処遇について、彼の社会理論は「首尾一貫性のなさ」を露呈する。当初メーザーは、少なくとも領邦高権のもとで最終的にはすべての人が国家会社のメンバーとなるのであり、寄留民はその身体を株式として投下したのであると主張していた（作品

一五、一六〇頁）。これにたいして晩年のメーザーが国家株式論によって改めて人権思想とたたかったフランス革命期にいたっては、領邦議会に代表を送っている農場農民と市民のほかには「端株を分有する多数者」についてしか、もはや言及されなくなっているのである。☆32

（四）評価と問題点

さて、以上のようなメーザーの国家株式論をどのように評価すればいいのであろうか。まず王侯貴族や官僚をではなく農民＝民衆をはじめて歴史の主人公に高めたことは、啓蒙思想家メーザーの不滅の功績である。メーザーの主人公は、不正な政治を批判するために歴史から学ぶ能力があり、「自由と財産」を享受し、名誉ある輪番義務を担うフーフェ農民である。それはドイツ史にとどまらず、広くヨーロッパ社会経済史の「人類学的基底」（エマニュエル・トッド）をなす存在である（ちなみに、この場合の「ヨーロッパ」は、フーフェ制度が展開した地域のみ［ヘイナルやミッテラウアーによれば、聖ペテルブルク―トリエステを結ぶ線より西の中西部ヨーロッパ］を指す。メーザーはしばしばこれを「北欧」と呼んだ。したがってそれはたんなる地理的な概念ではなく、すぐれて社会経済史的な概念である）。フーフェ農民はその労働規律と経済的豊かさまたとりわけ公共心（郷土愛）によって際立っており、その生み出す多様性に満ちた法治主義の慣行は近代市民社会にとって必須の歴史的前提であった（不平等それ自体も「制度化」されることによって、長期的に見れば、逆説的にも克服の道を歩むこととなろう）。マックス・ヴェーバーのヨーロッパ論やヘイナル、ミッテラウアーの「ヨーロッパ的結婚パターン」の提起に先立って、メーザーは初めてこのようなフーフェ農民を中心に成り立つ社会をそのまったき多様性において光のなかに置くことによって、社会経済史から見たヨーロッパの世界史的特質をみごとに浮き彫りにして見せた。これはたしかに偉業であるといって良い。ロッシャーはそれをドイツ経済学史、史学史上「画期的なこと」として賞賛した。モエスのように「真のコペルニクス的革命」、「ドイツ史の民主主義的把握」について語ることもできよう。十八世紀オスナブリュックの法治社会、それを支える農民大衆の相対的な豊かさと独立性は、批判的なクヌーセンでさえ、これを認めざるをえなかったのである。☆33

だが同時に、その農民論が問題の多い、苛酷な寄留民論と不可分に結びついていたことを忘れてはならないであろう。光が輝かしければ、影もまたひときわ濃いのである。

ロッシャーが指摘するように、メーザーは「自由を擁護して平等思想と戦った」のであり、「あらゆるプロレタリア的な人口増加にたいするもっとも断固たる敵対者として一貫している」のである。マイネッケはハツィヒよりも厳しく、それを「私生活ではあれほど親切でお人好しだったメーザーも、こういう点では苛酷、いな残酷にさえなりえたのである」と表現している。☆34 メーザーはたしかにドイツ啓蒙主義（「身分制的啓蒙主義」）の一方の旗頭であったが、その啓蒙主義は農場農民（と市民）を対象とするにとどまり、寄留民の前で立ち止まってしまう。☆35

五、市民社会論史のなかの国家株式論

ところでメーザーの国家株式論の社会契約説＝市民社会論史に占める位置はどのようなものであろうか。最後にこの点について一言しておこう。

ゲッチングやクヌーセンは、メーザーが国家株式論においてロックの社会契約説と共通性をもちあるいはそれを継承していることを示唆している。[☆36] ゲッチングによれば、メーザーの論説「農民農場を株式として考察する」の冒頭の原註（作品一五、一七五頁）に見える「自由と財産とをなによりも尊重する立場」とはロックのそれにほかならない。クヌーセンは同様にロックとの類似性を示唆しつつ、封建的＝身分制的な本質をもつメーザーの国家株式論がリストやロテック、ヴェルカーらリベラルに影響しえたのは、メーザーにおける啓蒙主義的契機によるのではないかという。[☆37] たしかにロックの『統治二論』はホッブズに始まる「所有的個人主義」を特徴づける株式会社論の性格をもつと解釈されており、その解釈はトーニーやスティーヴンその他の有力な研究者の解釈によって裏づけられている。[☆38] しかしマクファーソンによれば、ロックにおいては人間一般（人権）と株主（市民権）との関係が曖昧なままに残されていたのであった。[☆39]

他方でルソーは『人間不平等起源論』において、（メーザーのように始原的社会契約の時期を中世初期北欧に求めるのではなく）旧石器時代一般を人類の本来的時代とすることによって、人類学者レ

ヴィ＝ストロースらに霊感を与えた。そこではロックの場合とは対照的な私有財産にたいする敵意が示されている。[40]「自由と財産」ではなく、「自由と平等」がルソーの言葉であり、ルソーはアソシアシオン論の源流に位置する思想家なのである。[41]しかしながらそれにもかかわらず、『社会契約論』においては社会契約の基本課題が抽象的に「各構成員の身体と財産を、共同の力のすべてをあげて守り保護するような結合の一形式を見出すこと」とされており、[42]「人間（身体）と市民（財産）との矛盾」の克服は、じつはルソーにあっても容易に解きがたいアポリアであったのである。[43]ゲッチングは、ルソーとメーザーとの対立を強調しすぎることにたいして警告を発しているが、[44]これは少なくとも両者の社会的背景の共通性にかんしては充分に理解しうるものである。

メーザーの国家株式論の特質は、一方では市民社会的な社会契約説を封建的＝身分制的な領邦国家オスナブリュック農民社会の史的展開を把握するための理論として導入した点にあると同時に、他方では市民権と人権との関係におけるロック的な曖昧さ、ルソー的な抽象性を払いのけ、オスナブリュックの史的現実に立脚しつつ、市民権の人権にたいする優位を行政原則として「断固として」（ハッィヒ）主張した点に求められるように思われる。それはメーザーの「現実主義的保守主義」（フーバー）の表われにほかならない。けだし、メーザーにあっては「国家の真の基礎は、財産であり人間の権利ではない」からである。[45]

しかしながら、その主張が現実的であり歴史具体的であればあるほど、株式をもたずしたがって市民権をもちえない寄留民を描くメーザーの画像は、ますますマイネッケの言うような「苛酷な」色合いを帯びてくるのであった。それはカントを奉ずるクラウアーによって人権を擁護しつつ、まさしくその歴史具体性を批判される。[46] メーザーの国家株式論は一面では広く英仏の市民社会論に通ずる全ヨーロッパ的な普遍的妥当性（自由を支える私有財産と法治社会との維持の意義の強調）をもつと同時に、他面では寄留民にたいするその明確に反人権的な「苛酷さ」において、二十世紀前半のドイツの破局へと導いたドイツ的発展の「特殊な道」の一要因を思想的に準備することともなったのではなかろうか。[47] モエスは「『オスナブリュック史』が現今の歴史家論争に寄与することは少ない」とし、メーザーのアクチュアリティーのナチス的なそれとの異質性を指摘して、「要するに、メーザーはアドルフ・ヒトラーのような人物や国民社会主義のような時代とはかかわりをもちえなかった」という。[48] しかし、一方ではメーザーによる輪番衆の政策的維持の再生であるかのような、第三帝国の農相R・W・ダレーの名と結びついた「世襲農場法」による「名誉」と「経営能力」ある「農民（バウアー）」の政策的維持、他方では本稿第四節註27に言及した、オスナブリュックにおける「物乞い、浮浪民、盗伐者の追放」の再現であるかのような、寄留民たるユダヤ人やロマ人の迫害という国民社会主義の実践に照らしても、同様の主張を貫くことが可能であろうか。

　ダレーは「血と土」の人種理論にもとづき、世界史の担い手を砂漠や草原に住む遊牧民＝放浪民（ヴァンダーフェルカー、ノマーデン）と森林に住む定住民（ジードラー）とに区分し、後者の発展形態として、中欧北部の広葉樹林帯に南下展開したドイツ人を始めとする北欧人種を位置づける。その社会的基盤＝「生命の根源」をなすのが定住農民である。ダレーはその大著をあげて定住農民の世界史的意義を強調し、放浪民をそれにたいする原理的敵対者として批判している。たとえばいわく「土地所有の始原的法諸形態はほとんどすべての市民法の源泉をなすものであるが、この土地所有について、放浪民はまったく理解しないのである」と。ダレーはまた農民の郷土防衛能力を重視する。「防衛能力ある農民のみが自由である」と。メーザーの崇拝者であり、純ゲルマン的なヴェストファーレンのホーフ農民の文化史的意義を賛美したW・H・リールの所説は、ダレーの重要な想源のひとつである。そしてホイアーリングや小商人＝行商（クレーマー、ハウジーラー）など寄留民はそうした定住者社会における非定住の放浪的＝遊牧的要素であり、非ドイツ的なのである。「行商は非定住であり、その本質から見て、疑いもなく放浪民に発している。」それは定住者である農民ならびに同じく「郷土」を拠点として活動する商人（カウフマン）――ハンザ商人は典型的――がドイツ的であるのとは対照的である（放浪民にあって顕著なのは「種族愛」である）。ダレーは農民にたいする深い共感とともに、とりわけ小商人にたいする反感ならびにその根拠をメーザーと共有している。また奉公人制度を農民経済の古来の労働制度として肯定する一方で、メーザーと同様に「子供を作ってゲマインデに負担をかけるプロレタリアを農民は許さない」とも言う。[☆49] 林は内地植民政策思想にかんするメーザー批判者であったL・ブレンターノが同時にダレーの先駆者であるG・ハンゼンら人口農本論者への中心的な批判者でもあったことを伝えている。林によれば、彼ら（M・ゼーリングをふくむ）の「ドイツ農会派」はブレンターノやR・クチンスキーの「ミュンヘン経済学会派」に対立して内地植民政策を支持しつつ、ダレーへの途を準備したのである。クレーマーはハンゼンの主著の新版に寄せた序文のなかで、改めて内地植民政策の意義を強調している。[☆50] ブレンターノは小林に先立っていちはやく、メーザー思想の問題性をこの側面（ダレーへの途）においても予感していたのではないか。[☆51]

もちろんそうは言っても、メーザーとダレーとのあいだに安易な直線を引こうと言うのではない。

関税同盟論に傾斜して、『農地制度論』の世界から離れた晩年のフリードリッヒ・リスト、たぶんにメーザー的なポーランド人移動労働者排斥論から出発しつつ、それを人種論（スラヴ人論）との結びつきから解放し、歴史的個体としてのヨーロッパ論に高めていったマックス・ヴェーバーの軌跡は、それぞれに示唆的である。[☆52] ここではただモエスに典型的に見られるような弁護論的なメーザー解釈の一面性ないしは解釈過剰にたいして疑義を提出することが課題なのであった。

メーザーに戻ろう。マイネッケはまさしく彼の国家株式論を引き合いに出しつつ、「重要なことは、メーザーがここで啓蒙主義一般の根本前提（＝普遍的人間）に意識的に背を向けている事実である」と正確に指摘している。[☆53] 逆にメーザーにおける啓蒙主義の継承を強調するシェルドンの研究は、研究史の新方向を打ち出した優れた作品とされるが、国家株式論に関説するところが少ない。[☆54] こうして結局のところ、メーザーの国家株式論は彼の啓蒙思想が働く場として構築した歴史主義的な外枠であって、その枠組みのなかで彼はもっぱら株主である農民（＝市民）を啓蒙しようとしたのであった、と言えるのではなかろうか。けだし、彼らのみが定住者であり、かかる者として「郷土愛」の担い手でありえたからである。啓蒙主義的な社会契約説と歴史主義的な国家株式説の合成である彼の「国家論」は、「二つの時代の過渡を結びつける環」であるとする見方は、同じ見方を言い換えたものであろう。やや違った観点からシュレーダーも「リベラルな要素と身分制国家的要素との独特の結びつきはおそらくメーザーにのみ見られるものであり、それが十八世紀の国家理論家のなかでかけがえのない地位を彼に与えている」と結んでいる。[☆55]

メーザーの国家株式論はフーフェ農民の世界史的意義に光を当てて、われわれに歴史的個体としてのヨーロッパの社会経済史的背景の深奥の理解に手がかりを与えてくれる。そして同時にその寄留民論はこんにちますます大量にヨーロッパへ流入する発展途上国からの移動労働者や難民の問題に関連して、深刻なアクチュアリティーを保ちつづけているように思われる。さらに『経済学の国民的体系』のリスト、『プロテスタンティズムの倫理と資本主義の精神』のヴェーバーの先駆者として位置づけるならば、ドイツ歴史派経済学の父メーザーがこんにちなお大きな思想的活力を保ちつづけていることが知られるのである。

注

☆1　ゲーテ、一四九―五一、一九五―九六頁。坂井、二〇〇四年。肥前、二〇一〇年。

☆2　ディルタイ、三〇二頁。

☆3　リスト、一九七四年、一一頁。リストが引用したのは、メーザー、付論一、二一九―二二〇頁である。ザリーンはディルタイと同様メーザーを「歴史派経済学の真の父祖」としたうえで、メーザーの国家株式論を引き合いに出しつつ、『民主主義者』リストは『反動家』メーザーのうちに精神的類縁者を認識した」と指摘した（ザリーン、二五七―八頁）。

☆4　ロッシャー、付論三、二二八―三三頁。メーザーの経済学における歴史主義とは、マイネッケによれば、自然法的思考法の支配に対立しつつ「西欧の思考が経験した最大の精神革命のひとつ」（マイネッケ、序文）の所産なのである。それは対象を「一般化的にではなく個性化的に」、したがってまた史的生成において、考察する。ドプシュは「メーザーはドイツ経済史の創始者のひとり」であるとし、さらに「ドイツ法制史の基礎を」築いたとする（ドプシュ、二三頁）。Hempel は、メーザーの思想が経済思想、国家思想にとどまらず、最広義のドイツ歴史学にたいして与えた影響の驚くべき広がりについて伝えている。人口理論におけるマルサスの先駆者であるとする指摘もある（J. M. Schmidt, S. 798f.）。逆に、理論経済学（「科学としての経済分析』）の高みから、「彼が優れた人であったことは疑いえないが、けっして経済学者と言える人ではなかった」と断じたのはシュンペーターである（シュンペーター、三〇九頁、註二）。ロッシャーに従いつつメーザーの社会経済観を全体として要領よくまとめた作品として Rupprecht, Zweiter Teil がある。Ouvrier をも参照。さらに Zimmermann はメーザー思想における国家論の経済論にたいする優位について語っている。メーザーはまた「ドイツ民俗学の父」でもある（Hofman）。

☆5　Schmoller, S. 90-101. 肥前、二〇〇八年、一九七—九八頁。ブレンターノ、一九五六年、三—三六頁。ブレンターノ、二〇〇七年、一九五頁以下。

☆6　小林『著作集VI』、二六一、二六八、二七一頁。リスト、一九四九年、解説、二八八—二九〇頁。リスト、一九七四年、訳者解説、二八八—九頁。しかしもちろんメーザーはダレーを超えて生き延びている。後述するようにジョン・ヘイナルやミヒャエル・ミッテラウアーは戦後にいたって、ヨーロッパにおけるフーフェ農民や農業奉公人展開の地理的な東限を論じたが、それがフーフェ制度論を軸としているかぎりにおいて、明らかに国家株式の所有者としてのフーフェ農民を論じたメーザー思想の延長線上にある。

☆7　メーザー、作品六、八、一五など。

☆8　メーザー、作品一一。

☆9　Welker, Bd. 2, 1996, S. 580-657 には、十八世紀から二十世紀にいたる時期のメーザー像の変遷＝研究史が概括されている。

☆10　Hatzig, S. 25. 以上の略歴については、坂井、前掲書、序説および Zimmermann, S. 119 の Zeittafel. による。Schröder, S. 4-7. シュレーダー、四八三—八六頁をも参照。

☆11　ディルタイ、三〇一頁。

☆12　メーザー、付論二、二二—三頁。Renger, S. 27 およびコッカ、二〇七頁。坂井、二〇一〇年、八一頁を参照。しかしながら Monika Fiegert/Karl H. L. Welker, S. 139-175 は、新聞購読者層が主として農村の貴族や都市の上層市民等の知識人層に限定されていた（S. 172）ことから見て、こうしたメーザーの農民＝民衆啓蒙の意図が望ましい成果を収め得なかったことを伝えている。

☆13　Möser, Bd. 4-7. メーザー、「序　編集者の序言」。以上についてはさらに、Hatzig, S. 4-33を参照。ちなみにPatriotische Phantasien は英訳するならVisions of Local Virtue とするのが良いであろうと、ある英語の著者は言う（Muller, p. 158.）。

☆14　戸叶、七二頁。

☆15　シュレーダーは「株式理論はおそらくメーザーの国家思想のうちでもっともオリジナルな要素であろう」と、適切に指摘している（シュレーダー、四九七頁）。邦語文献では、小林『著作集Ⅵ』二五九、二六二―四頁のほか、出口、（下）、八七頁以下に、国家株式会社説についての先駆的な言及がある。

☆16　以上については肥前、二〇〇八年、Ⅰの2を見られたい。十八世紀後半メーザーがオスナブリュック司教領に見出したのは、農民を最古の定住者とし、その後成立するさまざまな農村下層民がそのもとに累積した、ヒエラルヒッシュな農村社会である。

☆17　Schröder, S. 12.; Göttsching, 1976, S. 75.; Welker, Bd. 1, S. 380-390. ヴェルカーによればそのアイデアは一七六七年に始まっている（S. 382 Anm. 871.）。そしてオスナブリュックの特徴的な散居制農民定住様式がそのアイデアを生むきっかけとなったのではないかという（S. 383, Anm. 872。これは興味深い指摘である。しかしヴェルカーの定住史についての研究史整理は不正確であり、研究史の起点に置かれるべきマイツェンがあとに置かれてしまい、しかも、とりわけマイツェンのケルト説を批判して研究史に新しい道を開拓したミュラー＝ヴィレの古典的作品に言及していない。肥前、三〇―三一頁を見られたい。

☆18　坂井、一五五―五六頁。

☆19　メーザー、作品一五の冒頭の原註（一七五頁）。「自由と財産」は作品六（六〇頁）あるいは右の『オスナブリュック史』序文では「名誉と財産」と表現されている。坂井、一五六頁。なお、作品一五を補完するものとして後年に書かれたMöser, Bd. 9, S. 140-144, S. 155-161, S. 179-182も重要である。それらはフランス革命の人権思想にたいする批判としての国家株式論である。

☆20　Hatzig, S. 72-81, 123-127, 168-182, 189-192.; Hölzle, S. 172-176.; Epstein, pp. 320-330.

☆21　Hatzig, S. 78.

☆22 Hatzig, S. 75.; Zimmermann, S. 56.; Scupin, S. 144. これについては山崎を参照。ちなみに、メーザーのテキストに内在して、中間権力=中間団体の意義に止目し、そのうえで中間団体に属さないがゆえに名誉をもたない「漂泊の身」を検出しえたのは、山崎の貢献に属する（山崎、三二四頁）。関連してMöser, Bd. 9, S. 146f ならびに下記の註28）を見られたい。定住者=郷土愛と漂泊（放浪）者=郷土愛の欠如とは、メーザーの基本的な二分法をなす。

☆23 Hölzle, S. 174-175.

☆24 Hatzig, S. 124.; Muller, p. 162-4. 関連して、藤田、を参照。

☆25 Brandi, S. 68-80 とくに S. 74-76.

☆26 Hölzle, S. 175.

☆27 Hatzig, S. 169-170. なおメーザーのホイアーリング政策については、平井、第二章が有益である。七年戦争後の食糧危機に対応し、メーザーを中心として領邦行政当局による救貧制度の整備が急がれ、ゲマインデの救貧責任が定められ、物乞い、浮浪民、盗伐者が追放された。作品八（七七頁）に示されたような教区機関の夢は実現されたのである。

☆28 Hatzig, S. 126.; Muller, p. 168-170.; Rupprecht, S. 43-51, 62, 139-144.; Hofman, S. 130.; Runge, S. 30-32, 36, 39.; Wagner, S. 143-161. メーザー、作品一二では、小商いが技能を必要とせず、そもそも市民団体の構成員による専業たりうるに値しないもので（一一七、一一八頁）、「手工業者やその妻の慰み事」（一一八頁）ないし「愛郷者（パトリオト）である商人の片手間仕事」（一二一頁）にとどまるべきであり、現今の専業の小商人たち（「小さな泥棒鳥［ハゲタカ］たち」（一二二頁）が内部淘汰されて消滅し、やがて手工業者の副業という本来の姿に戻ることを望ましいこととしている。以上が作品一二の主旨である。一方、小商人と根本的に異なるのが手工業者である。手工業は優れた教育機関でもあり、幼年期より職業教育によって育まれる「正直さと技能」が手工業を支える「資本」である。そして「名誉と勤勉」は対語である（Möser, Bd. 9, S. 144）。したがって、そうした条件を欠く小商人には、名誉ある身分への上昇はありえない。

☆29 Hatzig, S. 177-178.; H. Zimmermann, S. 16-18.; Peter Schmidt, S. 122-123.

☆30 Hatzig, S. 177. シュメルツァイゼンの法理論的な批判的考察も、「二重の社会契約」がオスナブリュックの史的現実の反映であることを強調して、「始原的な社会契約が、たんに索出のための補助手段としてのみ考案されたのであれば、このような区別は必要でなかったであろう」と指摘している（Schmelzeisen, S. 256, 271-2）

☆31 Hatzig, S. 178.; Rückert, S. 65. Knudsen はこうした寄留民の観点から「制度化された不平等」（p. 29）のメーザー的世界に迫った作品で、数多あるメーザー文献のなかにあって異彩を放っている。メーザーは農村の貧民の状態改善に努めるよりはその差別と排除を主張した、とする（p. 127; Rupprecht, S. 95）。十九世紀前半のライン州で「木材窃盗取締法」にかんして農村の貧民を擁護した若い日のマルクスが想起される。

　ちなみに、メーザーによって市民権を拒否された寄留民＝ホイアーリング層は、十九世紀に再編されて北西ドイツ農村社会の有機的な構造要因となる。メーザーの危機意識をとりわけ掻き立てたであろう新型の「借家人ホイアーリング」は資本主義の発展につれて、外部へ流出してしまい（W・コンツェの言う「ペーベルからプロレタリアートへ」！）、農村には旧来型の「小作人ホイアーリング」が残った。そして社会政策理念が発達した世紀末には、プロイセンの内地植民政策に関連して、農民―ホイアーリング関係はG・F・クナップにより「全ドイツでも最良の労使関係」とされ、東エルベへのその導入可能性について、K・ケルガーやM・ヴェーバーらによって検討されるまでになるのである（肥前、六三、七一―七二、とくに一九九頁以下）。この意味では北西ドイツ農村社会の現実は、寄留民論におけるメーザーの視野狭窄＝危機意識の過剰を越えて進んだと見なければならない。近年の批判的ドイツ史学は大きな視野のなかでこの点に着目している。すなわちホイアーリングの結婚パターンが農民のそれに類似していたとするH・メディクのメーザー批判（肥前、八五頁、註一四九、八七頁、註一六七、八四頁、註一三八）は、十九世紀末初期ヴェーバーのポーランド人移動労働者によるドイツ人農民の「駆逐」理論にたいするK・バーデの批判（本稿、第五節、註四七を見よ）に対応しているのである。

☆32 註19に挙げたフランス革命期の諸論考。Hatzig, S. 178-179.; Knudsen, p. 169-170. リンクもまたこの点でメーザーが「一貫していない」ことを認めている（Link, S. 34）。メーザーのフランス革命批判については、バイザー、五七六頁以下を見よ。『農地制度論』におけるリストのフランス革命ないしジャコバン主義批判は、平等主義が専制的な官人支配を生むという認識において、「市民の名誉」の理論におけるメーザーと完全に軌を一にしている（リスト、一九七四年、二三—二四頁、一一六—一七頁）。メーザーがフランス革命の平等思想=人権思想を批判するさいの理論となった国家株式論は、一八四九年のフランクフルト国民議会では、階級選挙法を支持する論拠として登場した（Schröder, S. 14f. u. Anm. 24）。

☆33 ロッシャー、二二八—二三三頁。Jean Moes, 1989, S. 11.;J. B. Knudsen, p. 134-5.; Sheldon; Sellin, S. 26, 38. コッカ、二〇五、二〇七頁。シュレーダーもまた「ゲノッセンシャフト的民主主義」について語っている（J. Schröder, S. 38-39.）。それだけではなく、さらにメーザーは、近代農村工業の宗教的基礎を論じた重要な作品一一をはじめ、ホイアーリングのオランダ渡りを肯定した作品二（柴田を参照）またクライス連合に関する作品七（原田、二〇〇九年、を参照）のような、彼の思想の核心をなす国家株式会社論の枠組みから逸脱して、本来の啓蒙主義の世界に回帰した作品群を残しているのである。リストの主著や中・後期のヴェーバーの先駆者としてのメーザーがここにはある。近年のメーザー評価はむしろこのことに関わるのであろう。なお本文中の「ヨーロッパ」の範囲については、肥前、二〇〇八年、一三—一五頁、二一頁註一三を見られたい。

☆34 ロッシャー、二三三、二四二頁。マイネッケ、五七頁。エプシュタインは「メーザーは不平等を積極的な善とみたのであり、必要悪とみたのではない」と指摘している（K. Epstein, p. 325）。これは誇張ではない。メーザーの多様性尊重はこのような不平等観と不可分に結びついていた。メーザーにおいては「平等」もまた「コルポラティーフ」なものにとどまったのである。それは多かれ少なかれ不平等を是認したドイツの同時代の自然法国家理論のなかでも、メーザーに特有のものであった（J. Schröder, S. 21, S. 34）。

ちなみに、マイネッケがメーザーの寄留民論に見出した苛酷さを、ブレンターノはメーザーの農民論そのものに見出している。いわく「メーザーにとってもっとも重要なのは、農場を耕作する人間ではなくして、人間が耕作する農場である」と（ブレンターノ、三一、三三頁。なお林、一二一—二頁をも参照）。しかしヴィティッヒによれば、人と土地とのこうした関連はフーフェ制度そのものの属性にほかならなかった。それは一面において農場の労働規律の進化に貢献したのである。この点については肥前、四六、八六、一一二、一一五頁を見られたい。なお労働規律の進化についてはブロイアーの世界史的考察を参照。

☆35　メーザーの寄留民論は、より一般的なレヴェルでは、プロレタリアートを生み出す近代資本主義的市場経済にたいする保守主義的な批判を意味したとも言いうるであろう（Muller, p. 177-8）。メーザーよりほぼ半世紀ののちに、メーザーから深く学んだハックストハウゼンは、「郷土愛」と結びついたドイツの村落共同体＝株式会社（コルポラツィオン）、「種族愛」と結びついたロシアの村落共同体＝組合（アソツィアツィオン）というユニークな観点から独露比較を行なったが、前者が生み出す寄留民→プロレタリアートへの恐怖から、それを生まない後者を前者に勝るものとして評価するにいたり、このことによってロシアのナロードニキ思想に大きな影響を及ぼした（肥前、II、1、3を見られたい）。

☆36　Göttsching, 1978, S. 56 Anm. 17, S. 64ff.; 1979, S. 110.; Knudsen, p. 27, 150, 159, 169-170. ゲッチングはロック、第二篇、第八章九七（二六七頁）の「原本契約」および第九章一二三（二八九頁）の「万人が彼と同じように王であり」の個所を引用している（Göttsching, 1977, S. 104をも参照。この論文では、メーザーにたいする「ジョン・ロックの権威ある代父としての関係」について語られている。S. 112）。関連して Muller, p. 172-3を見られたい。

☆37　関連して Hempel, S. 43-52を参照。とくにメーザーのリストに及ぼした影響については諸田、二〇一八年、第五章、Grywatsch, S. 287-292および Ouvrier, S. 52-55を見よ。商業論におけるリストの先駆者としてのメーザーについては Rupprecht, S. 128ff. また統一関税論におけるリストの先駆者としては Sheldon, p. 114, 123ならびに Runge, S. 154を参照。これらの文献はメーザーとリストとの継承関係を、リストの『農地制度論』のレヴェルでのみならず、より総体的に、その『国民的体系』のレヴェルででも検討することを求めているように思われる（諸田の重要な問題提起に関連して）。メーザー、作品一一は付論三のロッシャー論文とともに、そのためのひとつの手がかりとなるかもしれない。出口、前掲論文（下）、八九―九一頁、田中、一九八〇年、六四―六五頁および下記の註49にあげた若尾論文をも参照。

☆38　マクファーソン、二二三、二七七頁。トーニー、下巻、八三頁。スティーヴン、下巻、一四、一六頁。さらに、ディキンスン、六五、一二六―二七、一三二頁。

☆39マクファーソン、二二四―二二五、二七三―二七六頁。これにたいして、ロックにおけるそうした曖昧さはいわば仮象にすぎず、人間を「神の目的」を果たす義務を負って創造された「神の作品」とみる彼の宗教的人間観に照らしてみるかぎり、ロックにおいては「生命・健康・自由・財産」からなる広義の「プロパティー」観(＝「プロパティー」を「神学的義務の基体」とみる)が明確に優越しており、かつそのことが彼の正統性論と抵抗権論に通じているとする解釈が行なわれていることが重要である(加藤「解説――『統治二論』はどのように読まれるべきか」、ロック、前掲訳書所収、三九九―四〇一頁)。一方メーザーにあってはその明確に狭義に解釈されたプロパティーの所有主＝市民は神の前の人間ではなく、あくまで社会のなかの人間である(Brünauer, S. 72-73 を参照)。

☆40ルソー、一九七二年、「解説」二六七―七〇頁。福田、一四三―四四、一五一頁。

☆41Ruprecht, 12f. 平田、八―九頁。

☆42ルソー、一九五四年、二九頁。傍点は引用者による。

☆43福田、一四三―四四、一五一、二〇九頁。

☆44Göttsching, 1978, S. 71, Anm. 45. ルソーとメーザーとの共通性についてはなお Moes, S. 21f むろん、メーザーの基本的な政治思想的体質はルソーのそれに対立し、むしろモンテスキューのそれに対応しているのだが(S. 17)。メーザーの社会契約は始原的には、いわばルソー的な民主主義とモンテスキュー的な自由な法秩序とが支配する「所有者クラブ」をめざしていた、とモエスは言う(S. 23)。

☆45Huber, S. 158. バイザー、五七三―四頁。

☆46Clauer, S. 197-209. S. 441-469.; J. B. Knudsen, op. cit., p. 172-173.; Brandt, S. 176-191. またメーザー、作品一九を見よ。クラウアーの批判にたいしてメーザーは反論するが(Möser, Bd. 9, S. 155-161)、それは基本的に、株主のもつ市民権の人権にたいする優位を再説するものであった。しかもそこではもはや「身体株」については触れられていない。

ところで、論説「農民農場を株式として考察する」(作品一五)についてゲッチングは言う。「『貧民や名誉のない者たち』を排除し、株式をもたない者(非所有者)を『下僕』として区別することがどれほど苛酷に思えようとも、そうすることによってメーザーはたんに当時支配的であった理論の軌道の上を動いていたにすぎない」と（Göttsching, 1977, S. 99, Anm. 22.）。しかしながらそうした区別が現実の西欧市民社会のなかに存在したのは事実であるとしても、ルソーはもとより、ロックもまたメーザーほどの明確さと具体性をもって反人権的な寄留民論を展開しているであろうか。註39に言及した加藤のマクファーソン批判（株式会社説＝狭義のプロパティー論がロックにおいては結局は優位していたとするマクファーソンの解釈への批判）は逆のことを示唆しているように思われる（メーザーとロックとの相違については、なおKnudsen, p. 169-170をも参照）。そして仮にロックについてのマクファーソン的解釈に立った場合でも、ロックやルソーは人間一般と市民との乖離という現実のうちに、普遍的な啓蒙の人権思想から見て容易に解きがたい難問を見出し、したがって曖昧ないしは抽象的たらざるをえなかったのではなかろうか（ロックの場合はその時代的背景＝資本主義発展の初期性のゆえに、いまだ曖昧でありえたともいえる。田中、二〇〇八年、一一頁ならびに生越、一四八頁をも参照。そこでもロックの曖昧さについて指摘されている。ロックとメーザーとの違いについては、バイザー、五七五頁も参照）。そして逆にメーザーが明確さと具体性を獲得しえたのは、彼が行政官的現実主義に支えられつつ、普遍的人権という啓蒙思想の「軌道」から逸脱することによってではなかったであろうか。メーザー寄留民論の特質はゲッチングのように十八世紀に「支配的であった理論の軌道の上」にではなく、ロッシャー論文の副題にうたわれているように、それにたいする「歴史的－保守的反作用」として理解さるべきものと思われる。

☆47　プライスターは、「啓蒙と悪平等化」に抗して「われわれの第三帝国」の思想的「先駆者」となったメーザーの「ドイツ的本質の永遠の発展にたいして与えた根本的な貢献」を讃えている（Pleister, S. 313）。メーザーを受け継ぎつつ、十九世紀中葉にユダヤ人を含む寄留民にたいする反感をあらわにしていたハックストハウゼン、ダーデ、ゾーンライ、アモン、ハンゼンらの人口農本論の源であるロッシャー、また世紀末にメーザー思想を源流とするプロイセンの内地植民政策を支持しつつ、ポーランド人農業労働者とりわけ移動労働者を人種主義的に観察した初期のマックス・ヴェーバーは、いわば中間環をなしているのであろう。とくに移動労働者によるドイツ人「定住」労働者の駆逐にかんするいわゆる「駆逐」理論は、註49に示したダレーの思考を先取りするものであるといえる（肥前、一三四、一六三―六五、一七〇、二〇一―〇二頁、また本稿、第四節、註31を見られたい）。なお関連して足立、を参照。

☆48 Moes, S. 25.

☆49 Darré、とくに Kap. VII: Das Bauerntum als Schlüssel zum Verständnis der Nordischen Rasse.（放浪民の法意識についてS. 313. その種族愛についてS. 26f. 農民の防衛能力についてS. 53, 328f. 小商人についてS. 302ff. 奉公人制度およびプロレタリアについてS. 410f., S. 421.「ドイツ的本質」についてS. 292-294. メーザー自身の小商人論は作品一二として訳出されている。）またクロル、第三章、とくに一三二―三六頁。豊永、第一〇―一一章および肥前、二七七―七八頁を見られたい。小林昇はメーザーの国家株式論の検討のうえですでに、ドイツの破局にかかわる、「認識」と「方策」とを隔てる深淵にまで説き及んでいる（小林、VI、二五七―七三頁、とくに二七二―七三頁）。小林が若い日にすでに到達していた地点の高さに驚嘆する。けだし、ダレーに受け継がれた「認識」におけるメーザー的なものをただたんに虚妄とすることによっては、第三帝国の悲劇に内在することはできないであろうからである。リールについてはHofman, S. 77f. および若尾、を参照。若尾論文はリストとリールとの関係を重視している。

ちなみにモエスを越えてシュタウフはさらに、メーザーがそのブルジョア論において「ドイツの特殊な道」批判論の先駆をなしたとまで評価している（Stauf, S. 272）。そしてヴェルカーはその大著のなかで、二〇〇〇点にも上るという膨大なメーザー研究文献のなかから、水準を現今において表現する最新の研究としてモエスとシュタウフのみをあげているが（Welker, S. 30-52）、こうした最近の研究動向はそれ自体が（充分に受容され継承されるべきはもちろんのこととして）、同時に批判的検討の対象でもなければならないであろう。たとえば、メーザーが人権や革命権をさえ承認したかのように主張するゲッチングやカンツ（Heinrich Kanz）にたいするシュレーダーの批判は、近年の文献におけるメーザー解釈の弁護論的なバイアスを具体的に指摘した事例として重要であると思われる（J. Schröder, S. 23ff. und Anm. 69.）。

☆50 Einleitung von H. Kraemer, in: G. Hansen, S. XI-XII. ブレンターノみずからはゼーリングとの対立についてのみ書きとめている（ブレンターノ、二〇〇七年、二〇九―二一二頁）。

☆51　ところが小林はこのゲオルク・ハンゼン（G. Hansen）をヴェストファーレンのメーザーと並ぶシュレスヴィヒ＝ホルシュタインにおけるフーフェ制理論の創始者（ヴェーバー『古ゲルマンの社会組織』一〇頁）であり、ハックストハウゼンの書評者たる農政史家ゲオルク・ハンセン（G. Hanssen）と混同している（リスト、一九七四年、二三二頁、訳注四五、人名索引、二頁。小林『著作集VI』一九四頁）。小林『著作集VI』二七一頁にも「ゲオルク・ハンセンの農本人口論」とある。リスト、一九四九年、二八九頁にも「ゲオルク・ハンセンからダレエへまで引継がれる」「ドイツ的農本論」の「一筋の赤い糸」について指摘されている。小林の系譜論の危うい一点である。この両名が当面の問題である農民思想において偶然にも共通性をもつ（それについてはBelow, S. 128 Anm. 2を見よ）がゆえの誤解であろう。しかしハンゼンは健全な人口源としての農民の創設維持という人口農本論の立場から、リストとは逆に国外植民政策には反対し、内地植民政策を支持したのである（Hansen, S. 391-2. 林、五六頁以下。ちなみに、ハンゼンはまたリストのように散居制をではなく村落制を支持している。S. 340）。もし小林が内地植民政策にたいしてしかるべき関心を寄せていたら——それは『農地制度論』研究の視点からは困難なことであろうが——このような誤解は起こらなかったにちがいない。小林の誤解は、メーザーとダレーとの中間に立つリストの位置の周辺性あるいは独自性を、はからずも伝えているように思われる。ところが最近の学史研究者はたんに濁音によって、つまりハンセンをハンゼンと読ませることによって問題を「解決」してしまった（田村、二八三、三四二頁）。ハンセンとハンゼンとが別人であることがなんの説明もなく唐突に隠蔽されたのである。なんとも非学問的な手法ではある！　リスト『農地制度論』には四か所にわたってゲオルク・ハンセン（Georg Hanssen）が引用されているが、このハンセンについての岩波文庫版二三二頁訳注四五には訳者による次のような説明が付されている。「ハンセンはのちに農本人口論の立場をあらわにし、農地の一子相続家産制を主張するようになる。Vgl. Hanssen, Die drei Bevölkerungsstufen. Ein Versuch, die Ursachen für das Blühen und Altern der Völker nachzuweisen, 1889」と。これは誤りであって、このドイツ語文献の著者はハンセンではなく、私が本論冒頭のエピグラムに掲げたゲオルク・ハンゼン（Georg Hansen）である。（ハンゼンについては南、二二九—二三二頁をみられたい。）このことを言うのはけっして偉大な先学を貶めるためではない。このような基本的な事柄に気がつかないままに何十年ものあいだリストとハンゼン、ダレーの関係についての小林説を無批判に論じてきたわれわれ後進の知的怠慢をこそ自己批判しなければならないのではないのか。田村には、濁点による「解決」などではなく、私の疑問に真摯に向き合ってほしいと願う。

☆52　リストについては諸田の周到な問題提起（諸田は田村のいうような「伝記」を書いたのではない！）を、ヴェーバーについては肥前、一八―九頁、二〇一―三頁、ならびに佐野、第七章、折原、を参照。

☆53　マイネッケ、三四頁。Welker, Bd. 2, S. 629-633 のマイネッケ論のなかに、私はこの連関についての言及を発見できなかった。

☆54　Sheldon, p. 104ff. そこでは寄留民は論じられていない。同様にメーザーを啓蒙思想家として「読み直す」べきことを説くフィアハウスも（Vierhaus, S. 20）も、寄留民論をどう読み直すべきかについては触れていない。

☆55　Hans Baron, S. 47.; Schröder, S. 53. 同様にメーザー的な「郷土愛」も、第二次世界大戦後、その「所有者クラブ」的な狭さを克服して普遍的＝啓蒙的な伝統に立ち返り、「憲法パトリオティズム」（J・ハーバーマス）に高められねばならなかったのではなかろうか（ヴィローリ、一九四頁以下、二九六頁以下）。

引用文献一覧

（1）欧米語文献

Ammon, Otto: Die Bedeutung des Bauernstandes für den Staat und die Gesellschaft. Sozialanthropologische Studie, 1906.

Baron, Hans: Justus Mösers Individualitätsprinzip in seiner geistesgeschichtlichen Bedeutung. In: Historische Zeitschrift, Bd. 130, 1924.

Below, Georg von: Probleme der Wirtschaftsgeschichte. Eine Einführung in das Studium der Wirtschaftsgeschichte, 2. Aufl., 1926.

Brandi, Karl: Justus Möser und die Hanse. In: Hansische Geschichtsblätter, 64. Jg., 1940.

Brandt, Reinhard: Kant und Möser. In: Möser-Forum1/1989, hrsg. von Winfried Woesler.

Brünauer, Ulrike: Justus Möser, 1933.

Clauer, Eduard von: Auch etwas über das Recht der Menschheit.; Noch ein Beitrag über das Recht der Menschheit. In: Berlinische Monatsschrift, Bd. 16, 1790.

Dade, Heinrich: Die Bedeutung des Bauernstandes im modernen Industriestaat. In: Mitteilungen der Ökonomischen Gesellschaft im Königreiche Sachsen, !908-1909. 35. Fortsetzung der Jahrbücher für Volks- und Landwirtschaft.

Darré, R. Walther: Das Bauerntum als Lebensquell der Nordischen Rasse, 1929.

Epstein, Klaus: The Genesis of German Conservatism, 1966.

Fiegert, Monika/Welker, Karl H. L.: Aufklärung auf dem Lande. Anspruch und Wirklichkeit im Fürstbistum Osnabrück. In: Möser-Forum2/1994.

Göttsching, Paul: Zwischen Historismus und politischer Geschichtsschreibung. Zur Diskussion um Mösers Osnabrückische Geschichte. In: Osnabrücker Mitteilungen, Bd. 82, 1976.

Göttsching, Paul: Geschichte und Gegenwart bei Justus Möser. Politische Geschichtsschreibung im Rahmen der Dekadenzvorstellung. In: Osnabrücker Mitteilungen, Bd. 83, 1977.

Göttsching, Paul: “Bürgerliche Ehre” und “Recht der Menschheit” bei Justus Möser. Zur Problematik der Grund- und Freiheitsrechte im “aufgeklärten Ständetum”. In: Osnabrücker Mitteilungen, Bd. 84, 1978.

Göttsching, Paul: Justus Möser in der sozialen Bewegung seiner Zeit. In: Osnabrücker Mitteilungen, Bd. 85, 1979.

Grywatsch, Jochen: “Der Ihrige gegebenst Justus Möser der Jüngere, Doctor der unexacten Wissenschaften”. Möser-Rezeption bei Friedrich List. In: Möser-Forum 2/1994, hrsg. von Winfried Woesler.

Hansen, Georg: Die drei Bevölkerungsstufen. Ein Versuch, die Ursachen für das Blühen und Altern der Völker nachzuweisen. (1889) Neue Ausgabe mit einer Einleitung von Dr. H. Kraemer, 1915.

Hatzig, Otto: Justus Möser als Staatsmann und Publizist, 1909.

Hempel, Ernst: Justus Mösers Wirkung auf seine Zeitgenossen und auf die deutsche Geschichtsschreibung. In: Mitteilungen des Vereins für Geschichte und Landeskunde von Osnabrück, Bd. 54, 1933.

Hölzle, Erwin: Justus Möser über Staat und Freiheit. In: Aus Politik und Geschichte. Gedächtnisschrift für Georg von Below, 1928.

Hofman, Reinhold: Justus Möser, der Vater der deutschen Volkskunde. In: Mitteilungen des Vereins für Geschichte und Landeskunde von Osnabrück, Bd. 32, 1907.

Huber, Ernst Rudolf: Lessing, Klopstock, Möser und die Wendung vom Aufgeklärten zum Historisch-individuellen Volksbegriff. In: Zeitschrift für die ges. Staatswissenschaft, Bd. 104, Heft 2/3, 1944.

Kanz, H. (Hrsg.): Justus Möser als Alltagsphilosoph der deutschen Aufklärung, 1988.

Knudsen, Jonathan B.: Justus Möser & the German Enlightenment, 1986.

Link, Christoph: Justus Möser als Staatsdenker. In: Möser-Forum2/1994.

Moes, Jean: Geschichte als Wissenschaft und als politische Waffe bei Möser. In: Möser-Forum1/1989.

Möser, Justus: Sämtliche Werke. Historisch-kritische Ausgabe in 14 Bänden, 1948-1990.

Muller, Jerry Z.: Justus Möser and the Conservative Critique of Early Modern Capitalism. In: Central European History, Vol. 23, Nr. 2/3, 1990.

Ouvrier, Carl Wilhelm: Der ökonomische Gehalt der Schriften Justus von Mösers, 1928.

Pleister, Werner: Justus Möser. In: Zeitschrift für Deutsche Bildung, 13 Jg., Heft 7/8, 1937.

Renger, Reinhard: Justus Mösers amtlicher Wirkungskreis. Zu seiner Bedeutung für Mösers Schaffen. In: Osnabrücker Mitteilungen, Bd. 77, 1970.

Riehl, Wilhelm Heinrich: Deutscher Volkscharakter.

Roscher, Wilhelm: (System der Volkswirtschaft. Ein Hand-und Lesebuch für Geschäftsmänner und Studierende, Bd. 2) Nationalökonomik des Ackerbaues und der verwandten Urproduktionen. Ein Hand-

und Lesebuch für Staats- und Landwirte. Vierzehnte vermehrte Auflage bearbeitet von Heinrich Dade, 1912.

Rückert, Joachim: Justus Möser als Historiker. In: Möser-Forum2/1994.

Runge, Joachim: Justus Mösers Gewerbetheorie und Gewerbepolitik im Fürstbistum Osnabrück in der zweiten Hälfte des 18. Jahrhunderts, 1966.

Rupprecht, Ludwig: Justus Mösers soziale und volkswirtschaftliche Anschauungen in ihrem Verhältnis zur Theorie und Praxis seines Zeitalters, 1892.

Schmelzeisen, Gustaf Klemens: Justus Mösers Aktientheorie als rechtsgedankliches Gefüge. In: Zeitschrift der Savigny-Stiftung für Rechtsgeschichte (Germanist. Abt.), 97, 1980.

Schmidt, J. M.: Art. Möser, Justus. In: Handwörterbuch der Staatswissenschaften, 3. Aufl., Bd. VI, 1910.

Schmidt, Peter: Studien über Justus Möser als Historiker, 1975.

Schmoller, Gustav: Über innere Kolonisation mit Rücksicht auf die Erhaltung und Vermehrung des mittleren und kleineren ländlichen Grundbesitzes. In: Schriften des Vereins für Socialpolitik, Bd. 33, 1887.

Schröder, Jan: Justus Möser als Jurist. Zur Staats-und Rechtslehre in den Patriotischen Phantasien und in der Osnabrückischen Geschichte, 1986.

Scupin, Hans Ulrich: Justus Möser als Westfale und Staatsmann. In: Westfälische Zeitschrift, Bd. 107, 1957.

Sellin, Volker: Jusus Möser. In: Hans-Ulrich Wehler (Hrsg.), Deutsche Historiker, Bd. IX, 1982.

Sheldon, William: The intellectual Development of Justus Möser: The Growth of a German Patriot, 1970.

Sohnrey, Heinrich: Der Zug vom Lande und die soziale Revolution, 1894.

Stauf, Renate: Justus Mösers Konzept einer deutschen Nationalidentität, 1991.

Vierhaus, Rudolf: Justus Möser und die Aufklärung. In: Möser-Forum2/1994.

Wagner, Gisela: Justus Möser und das Osnabrücker Handwerk in der vorindustriellen Epoche. In: Osnabrücker Mitteilungen, Bd. 90, 1985.

Welker, Karl H. L.: Rechtsgeschichte als Rechtspolitik. Justus Möser als Jurist und Staatsmann, 2. Bde., 1996.

Zimmermann, Heinz: Staat, Recht und Wirtschaft bei Justus Möser. Eine einführende Darstellung, 1933.

（2）日本語文献

足立芳宏『近代ドイツの農村社会と農業労働者――〈土着〉と〈他所者〉のあいだ――』京都大学学術出版会、一九九七年

バイザー、フレデリック・C・『啓蒙・革命・ロマン主義――近代ドイツ政治思想の起源　一七九〇―一八〇〇――』杉田孝夫訳、法政大学出版局、二〇一〇年

ブレンターノ、ルヨ「プロシャ最近の農業改革の父ユストゥス・メーザー」（ブレンターノ『プロシャの農民土地相続制度』我妻榮・四宮和夫共訳、有斐閣、一九五六年、所収）

ブレンターノ、ルヨ『わが生涯とドイツの社会改革一八四四―一九三一』石坂昭雄／加来祥男／太田和宏訳、ミネルヴァ書房、二〇〇七年

ブロイアー、S・『規律の進化――マックス・ヴェーバーの前合理主義世界論における合理性と支配の関係――』諸田實・吉田隆訳、未來社、一九八六年

出口勇蔵「ユスツス・メエゼル（上）（下）」『京都大学経済論叢』第六一巻第四号、一九四七年、第六二巻第一・二号、一九四八年

ディキンスン、H・T・『自由と所有――英国の自由な国制はいかにして創出されたか――』田中秀夫監訳、ナカニシヤ出版、二〇〇六年

ディルタイ、ヴィルヘルム『ディルタイ全集第八巻――近代ドイツ精神史研究――』久野昭・水野建雄編、法政大学出版局、二〇一〇年

ドプシュ、アルフォンス『ヨーロッパ文化発展の経済的社会的基礎』野崎直治他訳、創文社、一九八一年

藤田幸一郎『手工業の名誉と遍歴職人――近代ドイツの職人世界――』未來社、一九九四年

福田歡一『ルソー』講談社、一九八六年

ゲーテ、ヨーハン・ヴォルフガング・フォン『詩と真実――わが生涯より――』第三部・第四部、河原忠彦・山崎章甫訳、潮出版社、一九八〇年

林恵海『独逸人口農本論』栗田書店、一九四二年

原田哲史「メーザーの社会思想の諸相」（メーザー、二〇〇九年、所収）

原田哲史「ユストゥス・メーザーにおける啓蒙と啓蒙批判」（佐々木武・田中秀夫編著『啓蒙と社会――文明観の変容――』京都大学学術出版会、二〇一一年、所収）

平井進『近代ドイツの農村社会と下層民』日本経済評論社、二〇〇七年

平田清明『市民社会思想の古典と現代――ルソー、ケネー、マルクスと現代市民社会――』有斐閣、一九九六年

肥前榮一『比較史のなかのドイツ農村社会――「ドイツとロシア」再考――』未來社、二〇〇八年

肥前榮一「ゲーテが敬愛した文人政治家メーザー」『聖教新聞』二〇一〇年一月十日

小林昇『フリードリッヒ・リスト論考』未來社、一九六六年

小林昇『小林昇経済学史著作集VI　F・リスト研究（1）』未來社、一九七八年

小林昇『小林昇経済学史著作集VII　F・リスト研究（2）』未來社、一九七八年

小林昇『小林昇経済学史著作集VIII　F・リスト研究（3）』未來社、一九七九年

コッカ、ユルゲン『歴史と啓蒙』肥前榮一・杉原達訳、未來社、一九九四年

クロル、フランク＝ロタール『ナチズムの歴史思想』小野清美・原田一美訳、柏書房、二〇〇六年

リスト、フリードリッヒ『農地制度・零細経営および国外移住』小林昇訳、世界古典文庫、日本評論社、一九四九年

リスト、フリードリッヒ『農地制度論』小林昇訳、岩波文庫、一九七四年

ロック、ジョン『統治二論』加藤節訳、岩波書店、二〇〇七年

マクファーソン、C・B・『所有的個人主義の政治理論』藤野渉・将積茂・瀬沼長一郎訳、合同出版、一九八〇年

マルクス、カール「第六回ライン州議会の議事――木材窃盗取締法にかんする討論」（『マルクス＝エンゲルス全集第一巻』大月書店、一九五九年、所収）

マイネッケ、フリードリヒ「メーザー」（マイネッケ『歴史主義の成立（上）（下）』菊盛英夫・麻生建訳、筑摩書房、一九六八年、所収）
南亮三郎編『人口論史』勁草書房、一九七六年
メーザー、ユストゥス『郷土愛の夢』肥前榮一・山崎彰・原田哲史・柴田英樹訳、京都大学出版会、二〇〇九年
諸田實『晩年のフリードリッヒ・リスト――ドイツ関税同盟の進路――』有斐閣、二〇〇七年
諸田實『異色の経済学者フリードリッヒ・リスト』春風社、二〇一八年
生越利昭「勤労の育成――ロックからハチスンまで」（田中秀夫編著『啓蒙のエピステーメーと経済学の生誕』京都大学学術出版会、二〇〇八年、所収）
折原浩『マックス・ヴェーバーとアジア――比較歴史社会学序説――』平凡社、二〇一〇年
ロッシャー、ヴィルヘルム「経済学者としてのユストゥス・メーザー――一八世紀の諸理念に対する歴史的・保守的反作用――」（メーザー、二〇〇九年、所収）
ルソー、ジャン＝ジャック『社会契約論』桑原武夫・前川貞次郎訳、岩波文庫、一九五四年
ルソー、ジャン＝ジャック『人間不平等起源論』本田喜代治・平岡昇訳、岩波文庫、一九七二年
坂井榮八郎『ユストゥス・メーザーの世界』刀水書房、二〇〇四年
坂井榮八郎「書評／ユストゥス・メーザー著『郷土愛の夢』」『社会経済史学』第七五巻、第六号、二〇一〇年
ザリーン、E・『経済学史の基礎理論』高島善哉訳、三省堂、一九四三年
佐野誠『ヴェーバーとナチズムの間――近代ドイツの法・国家・宗教――』名古屋大学出版会、一九九九年
シュレーダー、ヤン「ユストゥス・メーザー」（ミヒャエル・シュトライス編『17・18世紀の国家思想家たち――帝国公（国）法論・政治学・自然法論――』佐々木有司・柳原正治訳、木鐸社、一九九五年、所収）
シュンペーター、J・A・『経済分析の歴史（上）』東畑精一・福岡正夫訳、岩波書店、二〇〇五年
柴田英樹「オランダ渡りとメーザー」（メーザー、二〇〇九年、所収）
スティーヴン、L・『十八世紀イギリス思想史（下巻）』中野好之訳、筑摩書房、一九七〇年
竹本洋「小林昇の戦争体験と戦後非啓蒙のひとつの基点」『経済学論究』関西学院大学、第六二巻、第二号、二〇

〇八年
田村信一『ドイツ歴史学派の研究』日本経済評論社、二〇一八年
田中秀夫「啓蒙の遺産――解法としての経済学」（同編著『啓蒙のエピステーメーと経済学の生誕』京都大学学術出版会、二〇〇八年、所収）
田中真晴「リスト」（『経済学史学会年報』第一八号、一九八〇年）
トーニー、R・H・『宗教と資本主義の興隆――歴史的研究――（下巻）』出口勇蔵・越智武臣訳、岩波文庫、一九五九年
戸叶勝也『ドイツ啓蒙主義の巨人――フリードリヒ・ニコライ』朝文社、二〇〇一年
豊永泰子『ドイツ農村におけるナチズムへの道』ミネルヴァ書房、一九九四年
ヴィローリ、マウリツィオ『パトリオティズムとナショナリズム』佐藤瑠威・佐藤真喜子訳、日本経済評論社、二〇〇七年
若尾祐司「フォルクの核心・社会の支柱としての農民――社会政策・社会統合論としてのW・H・リールの農民文化論――」『ドイツ社会国家の成立・変遷とそれをめぐる論争および学説』平成一五‐一八年度科学研究費補助金基盤研究（B）一五三三〇〇三八、二〇〇七年
山崎彰「『郷土愛の夢』における農民政策論――北西ドイツ型農村社会の危機との関連で――」（メーザー、二〇〇九年、所収）

二、アウグスト・フォン・ハックストハウゼン「ドイツ農民論」（翻訳）

革命は自由によってのみ有効に克服されうる。この命題は一見したところ一風変わったもののように思われるかもしれないけれども、じつは現代のもっとも重要な真理を含んでいるのである。たんなる否定によっては現実の要請は退けられるものではなく、仮象にたいして真理を対置することが必須の課題である。革命はその本性からして偽りの自由である。それゆえ、旧時代の身分制的王国において目に見えるかたちで存在していた真の自由に回帰するならば、革命はその誘惑的な力を奪われるであろう。

身分制的制度に属するのはなによりも、政体の有機的基礎たる諸身分である。前世紀の中葉以来、ゲルマン的国家建築物のこれらの礎柱が掘り崩され、ばらばらにされ、くつがえされ、瓦礫の山の上に革命というブルドーザーがかけられた。それゆえ、国家を再建しようと欲する者は、つねに身分制的生活の残骸に取り付き、手持ちの材料をそれに接合せしめ、この形成物に新たな精神を吹き込むことから始めなければならないのである。

農民身分について——イタリア、イギリス、フランス——

農民身分、その家族制度、その土地財産・自由・権利に関して、革命のドグマは、この身分の特徴を拭い去るためにあらゆることをなさねばならぬと確信している。このドグマは次のように主張する。農業は営業であり、その目的は土地生産物の産出の最大化である。けだし、生産物の量が国土の富を規定するからである。だがこの最大化を達成するためには、土地はできるだけ小さな地片に細分化されなければならず、細分化のなかで、そうした地片を所有する各人は改良を通じてそれを最大限に利用するべく努力するであろう。こうして土地はつねに、もっとも勤勉で細心な者の手中に移るであろう。けだしこの者のみが、土地にたいして最高の価格を支払いうるからである。農民を特別な市民的ならびに政治的な身分とみなすことは馬鹿げており、彼らは営業する「耕作者」（クルティヴァトゥール）として他の自由な営業者と同列に立つのである。一定の完結した生活様式やそれに由来する鮮明な性格に立脚する彼らの身分がではなく、彼らの土地その他の富の大小が、その市民的ならびに政治的な地位や特権を規定するべきである。以上のように革命のドグマは主張するのである。

この教義は一見したところ非常にもっともらしくみえるが、まさしくそれだけにいっそう危険なのである。というのはそれはある種の理論的な真理と並んで、革命のひそかな教義と毒のあるトゲとを、他の生活事情のもとにおけるよりもはるかに深く蔵しており、それゆえに堅牢な王国制のもとにおいてなら革命にはまったく無縁でそれに敵対的であるような多くの人びとがそれを信奉するからである。

だが幸いなことに、いまかの革命的諸命題が適用され貫徹された諸国の経験を、それらがいまだ支配するにいたっていない諸国の経験と比較するならば、正しい倫理的諸原則と政治的教理とをこのうえなく明らかに理解することができる。たしかに、年を経た母なる大地の生産力は広大無辺であり、人間の悟性はその生産力を測り知れない結果を生むほどにまで高めるための手段を発見した。自然科学者は、神秘的で化学的な交配を通じて植物や花を大地から、通常の状態のもとでなら何日もかかるところを寸時のうちに育成させることができるようになった。けれども人間の肉体的力能もまた異常な緊張に耐えうるものである。いろいろの病気や不安の状態のなかでも、たえず均整のとれた鍛錬を積み重ねることを通じて、もともとは弱かった身体が途方もない力や熟練を発達させるのである。「だが」と人はそのさい正当にも質問できる。「そのような能力は人がそれを獲得するために消費しなければならない時間に値するものであろうか？　一般大衆は平均的な生活状態のなかで暮らすために、そのように高次の、多大の犠牲を払って初めて獲得しうるような力能の発達を必要とするであろうか？　そのような詐欺師にのみ必要ないわゆる『強い人間諸力能』とは別の、もっと高次の精神的肉体的な諸特性を獲得するために時間を用いたほうが良いのではなかろうか？　最後に、一時間のうちに速成栽培された植物は、それをまさしく一見に値する芸術作品として作り出した化学者のかの人為的交配の高価な費用に見合うものであろうか？」と。

合理的農業はたしかにあらゆる土地の生産性を無限に高める手段を与える。けれども日々の経験はまた、この手段がそれによって高められる生産性の果実よりも高価なものにつき、その結果として豊かになるはずであったのに予期に反して没落に向かっているような地方や、それどころか国全体さえもがあちこちに存在することをわれわれに示している。

われわれが細部へと論を移し、いろいろな国における農耕の状態や農耕に直接たずさわる社会階級の状態を観察するならば、右に特徴づけたような、かの革命の教説が虚偽であり、まったく非現実的な理論であることがわかるであろう。

われわれはこの目的のために、まずはじめにイ、タ、リ、アを一瞥しよう。そこでは土地は平均してドイツの大農の農地面積に照応する中規模の所有地に分割されている。大農場は稀であり、まったくの零細農場も稀である。犂ではなく人手が必要な労働を引き受けているような、山地や都市近郊にあるぶどう園や園芸農場のみが例外的に小規模生業として特徴づけられるにすぎぬ。これらの中規模農場はたいていはしっかりと囲い込まれており、その配置の全体ならびにその外的諸事情は、外見的には、一般的に立派な地所をなしている。

だがイタリアではどの地方でも、これらの農場は、額に汗してそれらを耕作している人のものではない。逆に耕作者はいたるところ小作人でしかない。彼は動産と小さな経営資本しかもたない。彼は土地所有、郷土、祖国をもたない。彼は墓地が永住しうる住居を与えてくれるまで、各地をさまよう！　かの小さな農場は近隣都市に住む市民の所有物であって、これらの市民はその農場に居住せず、耕作せず、変動する地代（レンテ）を生んでくれる資本でしかないそれら農場についてほとんど知識をもたない。

かつてイタリアにも土地を所有する農耕者がいた。十三世紀においてもなお、イタリアには農場領主に賦役や貢租の納入義務を負った、だが封鎖的な村落共同体のなかに自立して生活する、農民身分が存在していた。けれども都市が優勢となり、土地貴族が都市へ移住し、そのことによって徐々に、その真の自然的地位を喪失した。彼は市民となり、やがて市民身分のなかの特別の階級（パトリツィアート）をかたちづくるにいたった。都市においてはローマ法が、ふたたびゲルマン的要素にたいして完全に優越するに終わった。立法は都市から、旧貴族（のちにはパトリツィアート）から、発せられた。その立法には、農村事情に関する最近の立法とまったく同じの近代的精神が息づいている。十五世紀の法律は、土地の完全な流動化と分割可能性、すべての賦役・貢租関係ならびにすべての地役権その他の償却を、このうえなく明確に宣言している。わが国の現代の立法者がそこからいまなお学びうるであろうほどの明確さと首尾一貫性とを以てである。

その結果として、領主が都市へと移ったのちに、旧来の城塞（カストラ）が崩壊した。そして都市に近接し、旧来その保護を受けてきた小村や村落が、共有地が分割されたのち、分解し、いまや耕地のなかに分散した散居的な農場のそれぞれが、農家を取り巻く直接の隣接地を獲得して農場となった。そしてそれらの農場はすべての賦役・貢租関係を償却された。こうしてイタリアではすでに十五世紀に、土地の最高度の耕作のために達成されなければならない条件であると称されている、完全に独立自営の耕作者という賛美された状態が達成されたかに見えたのである。

しかしながら、その結果はまったく違っていた。まだ十五世紀が終わらないうちに、徐々に旧農民の子孫たるかの農場のすべての所有者はその所有地を完全に買い占められてしまい、彼らの散居農場は隣接都市の投機的な営業者や貨幣所有者の手中におちいった。他方で、こうした旧来の所有者は、封建的依存関係の消滅とともに、その依存関係が彼らに保証していた共同体制度や土地所有や郷土などのすべてを失ってしまった。そしてそれと交換に、過酷な地主（パハトヘレン）の恣意的な専制ならびに「王の軍道をさまよう」個人的自由を手に入れたのである。

今日イタリアの農業はまったく振るわない。少額の回転資本が小作人によって農場に投ぜられうるにすぎず、農場はその小ささのゆえに合理的経営に適していない。定期小作人もここではあまり利点をもたないであろうし、また小作期間の短さのゆえに不確かな利点をしかもたないであろう。みずからは改良を計画することも実施することもできない投機的な所有者にとっては、大規模な回転資本を改良のために投下することは、これまた成果が疑わしすぎるがゆえに、あえてなしえないことなのである。それゆえにイタリアでは、農耕の改良は一般にまったく進んでいない。たしかに土地所有の流動化と分割可能性を阻止する法律は存在しない。農場は相続によっても購買によっても人手から人手へと移動する。けれどもそれにもかかわらず、それらは分割されえない。建物と農具とが土地よりも大きな資本をかたちづくっており、ひとつの地所として相互に結合することによってのみ、農場は全価値資本に利益をもたらすのである。土地だけでは利益が不十分であるために、経営用建物の新築や経営用の農具の購入を行ないえないのである。それゆえ、現存する農場を打ち壊して、それぞれの部分に新たな経営を作ってもプラスにならないのである。

それゆえに、イタリアについてわれわれはかの革命派の農業理論のいくつかの主要な教義がまったく虚偽であって、取るに足りず、しかも何世紀にわたってそうであったということがわかるのである。イタリアの土地は平均的に見てヨーロッパでももっとも肥沃なものに属している。だがまさにそこでは農民身分というものがもはや存在しておらず、小作人である耕作者が存在するのみである。農耕は彼らの手中にあってたんなる営業である。土地は営業者である市民の所有である。あらゆる共有地は分割され、農業に有害とされる地役権は償却され、あらゆる土地は完全に分割可能で流動的なものとなっている。しかもそれらすべてが三世紀以上も前から起こっているのである。それゆえ、こうした状態が作り出し発達させたにちがいないすべての効果については、もはや寸分の疑いの余地もない。かくて、祝福された土地改良の状態、合理的農業論者のエル・ドラドは、とりわけイタリアにおいて繁栄するはずであった！

だが全然そうはならなかったのである！――

イタリアの土地は生産力が高いのに、合理的農業の経営者が望みうるはずの収穫の半分をさえ生んでいない。「耕作や農機具や畜産における改良」はどこにおいても浸透していない。すべてが何世紀ものあいだ、旧態依然のままである。「土地の流動化と分割可能性とが許可されたこと」はまったくなんの効果もあらわしていない。土地は分割されていない。「新しく分枝した小経営」は成立せず、土地は「もっとも有能勤勉な人びとの手中に」移ってはいない。土地はまたそれゆえに、「できうるかぎりの高度耕作」が保証しうるはずの「最高値」を達成していない。資本は農耕に投下されておらず、それも農業の現在の一見きわめて恵まれた地位にもかかわらず投資にはなんのメリットもないからという単純な理由からである！　だが、実際に生まれた近代の農学者的賢明さが約束した物質的利益が、どこにおいても姿を現わそうとしなかっただけではない。まさしく国土のこの状態が民衆の性格や習慣またイタリアの政治状態に及ぼす影響はきわめて悲しむべく、また悲惨なものであるといいうるのである。

イタリア人はおそらくヨーロッパでももっとも機知の鋭く、才能豊かな国民であり、とても活き活きしており、活動的で勤勉である。彼らは古代ならびに中世において勇敢かつ戦闘的であったし、現在も一般に個々人は勇気があり、名誉感情を持ち合わせている。しかもそれでいて、なんという深い政治的衰微と無力とが存在することであろう！　イタリア人のあらゆる市民的政治的諸機関はなんと欠陥にみちており、行政は貧困で、国の制度にかかわるあらゆる諸施設は無性格かつ色あせており、民衆は戦闘性をもたず、兵士は惨めであることか！

このまったく否定すべくもない実情にたいして、あらゆる革命の代弁者とその愚かな受け売り屋たちは、ただひとつの釈明と解答とを与えてきた。「それらすべての事柄にたいしては、たんにきわめてひどい迷信への堕落と人が啓蒙と呼んでいるものの全き欠如とが責任を負うにすぎぬ！」と。

しかしながらわれわれは、この主張にたいして、もっとも単純な次の事実を対置する。すなわち、中世末にいたるまでのこの国の宗教的ならびに精神的な状態は、現在よりもはるかに（十八世紀の）「啓蒙」から遠かったのである。しかもそれでいてイタリアは学問、芸術ならびにきわめて多様な発明の母国であり、西洋文化の中心であり、大胆な自由さのなかに、豊かに満ち溢れた国家社会的な諸形態が発展した土台であった。イタリアは大胆で力強く、自由にたいするしばしばもっとも規制されることのない愛情に満たされた民衆の祖国であった。そしてその傭兵隊長は世界に知られた、需要の多い軍人だったのである。

ちなみに近代の似非文化はイタリアには浸透していないとか、それが異端審問や検閲によって抑圧されているなどというのは、残念ながらまったくのうそである。イタリア文学にはいろいろと非難されるべき点があるが、とりわけいかがわしさと反宗教性に欠けていないことは確かである。そしてイタリアの上流ならびに中流の社会階級においてほど、根深い無神論が支配している国は少ないのである。

それゆえに、この点にイタリアの弊害と弱点があるのではなく、またイタリアが何世紀ものあいだ多数の諸侯や領主のあいだで分割されてきた点にあるのでもない。ドイツの場合も事態はそうであったが、しかし旧来の事情が少なくともその大まかな輪郭においてなお存続しているわれわれの祖国ドイツは、まだまだ政治的衰退と解体のかかる状態には陥ってはいないのである。

イタリアの弱点はイタリアがその有機的諸身分を失ったこと、あるいはむしろ市民身分のみが存続したこと、貴族が没落してパトリツィアートとして都市市民になったこと、農民身分が消滅したこと、にある。だが市民身分は他の諸身分を併合しもしくは絶滅させたのちに、勝利の高みに立ってなおしばらくのあいだは強力で有能でありつづけたが、そののちには、他の諸身分とのあいだの競争や嫉妬や摩擦が欠けていたために、中世の都市市民から近代の国家市民へと没落していき、色彩と性格とを失ってしまった。団体的（コルポラティーフ）で都市的な諸機構はその意義と真の生命とを失った。そしてすべてのことは、マキャヴェリ主義的な国家主義がイタリアが保持することのできる唯一の政治的な形態であることを示している。

イタリアの状態に関する考察から、われわれは偉大な歴史的‐政治的真理に思いいたる。すなわち、下層の諸身分すなわち粗野な肉体労働を担当するような社会諸階級、そのなかでもとりわけ農耕に従事する階級の性格、習慣、生活様式ならびにとりわけ団体的制度、家庭＝家族制度が、ある国民が他の諸国民のなかで維持する力と強さと政治的地位と序列とを規定するのである、と。

この機会に農民身分と、その核心を都市民よりはむしろ農村住民がかたちづくっている兵士身分との関連について一言したい。

農民身分の制度がまったく封建的な性格を帯びており、農民身分がおおむね領主にたいする完全な依存関係に（あるいはさらに風俗習慣によって維持されている村落＝家族制度のなかに）立っている場合には、農夫が戦士に向いており、兵士としての規律に習熟しうること、また彼がとりわけ征服戦争のためにきわめて有用であること、を当てにすることができる。すべてのサルマート諸民族はこのことをわれわれに教えてくれる。

同様に、農民身分が誇り高い自由のなかで、自立した封鎖的な裁判＝村落制度のなかで、太古の法と伝統的な風俗習慣とに従って、動揺することなく、その家族が何世代にもわたって所有してきた散居農場に居住している場合には、彼はたしかにきわめて鮮明な、まじめで堅固な性格を持ち合わせており、勇敢かつ大胆であるが、しかしどちらかといえば攻撃戦争よりも防衛戦争のために有用なのである。フリースラント＝ザクセン種族とノルウェー人とはこの点についてわれわれに証拠を与えてくれる！　中部イタリアや南部イタリアの現代の住民が軍事的に無能であることの証拠は、農民身分のこの二類型が消滅したこと、とりわけ後者がイタリアでは本来の身分としては総じて完全に没落したこと、に求められるべきではなかろうか。

自由主義的諸原理のこうした方向に潜む根深い内的分裂を、最良の証拠によって認識しようと欲するならば、イギリスとフランスにおける農業の状態ならびに農業に従事する社会階級の生活事情を相互に比較してみなければならない。

フランスの状態を見ると、土地がきわめて容易に分割でき、また分割されているという状況のもとでは、農業は最高の繁栄へと昇る代わりに、むしろ一定の低い段階に固定されてしまうものであることがわかる。

これにたいしてイギリスの状態は、人口稠密な国において土地の分割のされ方が少なければ少ないほど、農業はまさしくそのことによってそれだけいっそう工場的な営業に転化し、農産物の加工がよりいっそう増大するものであるという明瞭な証拠を提供している。

だが両国の状態は明らかにすでにあまりにも切迫し困難となっているので、もはや現状にとどまることができなくなっている。そしてそれゆえにすでに現在、山のどの斜面からどの方向に向かって古い岩石が谷間へと転がり落ちるであろうかという切迫した問題が、両国について明瞭に認識しうるのである。

フランスではおそらく間違いなく大嵐が吹いて国土に別個の形と別個の諸関係を押しつけるであろう。そして二世代にわたってすでに団体制度や保護を奪われ、よりどころやまとまりを失っている農民たちは、その貧困のゆえに必然的に工場主や資本家（市民生活におけるかの老次三男［ハーゲシュトルツ］！）の恥ずべき体僕制のもとにおちいるであろう。彼らは小所有者から日雇い取りへと没落する。すなわち、彼らは一部は磁石に吸い寄せられるヤスリくずのように農業の大工場的企業にしばりつけられ、一部はイタリアの農民のように定期小作人として、収穫物の半分を入手するために近隣都市住民や資本家の小農場を耕作するであろう。

イギリスにおいてはまったく違っている！　イギリスでは土地はきわめてわずかしか分割されておらず、優れた耕作と最高度の生産とが支配している。農夫は例外なく裕福であり、大部分が実際の土地所有者でないとはいえ、農具を所有し、土地改良を行ない、またしばしば建物を所有しており、それらを合わせればたいてい土地そのものよりも価値が大きいので、農場の強力な株主なのであり、その結果、イギリスのあらゆる事情の全般的安定性を考慮に入れるならば、まさしく十分永小作人とみなしうるのである。彼には一種の洗練と都市文化と教養が支配している。身分に特有の衣服とか慣習はすたれてしまった。そしてイギリスにおいてはいまや総じて自然的諸身分はもはや存在せず、精神的ならびに政治的なジェントルメンと非ジェントルメン、トーリーとウィッグならびにとりわけ諸コルポラツィオンのみが存在するだけであるのと同様、イギリスにはまた一定の生活様式、特殊な家族法、厳格な伝統と確固たる習慣・民族衣装のなかで生活する封鎖的な農民身分はもはや存在しない。そしてまさしくこのことが、イギリスの優れた制度が没落に瀕していることの主要な原因のひとつであることは、確かであるように思われる！　イギリス人は実践的に理性的で、投機的な精神に導かれて、土地はできうるかぎり分割しないでおくべきこと、必要な大資本がこれまでとは違った仕方で農業に振り向けられ、耕作における最大限の改良と進歩とが、またそれを通じて最大限の収穫が獲得せらるべきであるならば、農業にはできうるかぎりわずかの人しか従事してはならないであろう、という重大な真理に到達した。こうしてその後、都市住民と農村住民との人口のはなはだしい不均衡が発生した。都市の非土地所有者の人口は土地所有者もしくは耕作者の人口の一〇倍にも達している。そして現在起こりつつあるように、このそびえたつゴシック建築の主要な礎石が抜き取られるならば、おそらくきわめて速やかに、地上の財産を所有しない多数者のなかから分離して出撃するかの大衆が、新たな所有の配分と農業立法を強要するにいたるであろう。

われわれが目前に見ているフランスの農夫の状態は、何世紀もの発展を通じて現状のようになったものである。それは最近の、つまり革命の所産というだけでは尽くされないものである。革命はむしろそれをその既存の方向のうえで飛躍的に現在の姿にしたにすぎない。

ゲルマン諸民族（フランク人、ブルグンド人等）がガリヤを征服し分割したときに、フランスの農村法を通じて近年にいたるまできわめて広範な意義をもち、適用されつづけた原則が成立した。すなわち、「土地とその用益権の三分の一は領主に属する」と。フランス古法においてトリアージュとチエールというという言葉が何を意味したかは誰でも知っている。そして最近にいたるまでこの原則はすべての農村事情に決定的影響を及ぼしてきた。ガリアにすでに存在していた厳格なローマ的奴隷制は、かの諸民族が融合して単一のフランス人になったさいに、たしかにゲルマン的な農奴制へと移行した。だがこの農奴制はすでにその起源のゆえに、ドイツそのものに存在した農奴制よりも過酷なものであった。けれどもキリスト教はやがてここにおいてもその温和化する力を行使した。教会は一一五九年のトゥルーズの宗教会議において、フランスの国王と諸侯に次のように誡告した。「キリスト者のもとにあっては異教的な奴隷制は不届きであり、容認しがたい。それゆえ貴殿方にはそれを廃棄せられたい。」この誡告はやがて、聖ルイの母にして後見者たるカスティーリヤのブランシュの心を動かした。彼女は最初にメーヌとアンジューにおいて人身的な農奴制を廃止した。その後の諸王はこれにならった。ルイX世はこの措置を全フランスに押し広げた。すなわち、一三一四年に降りやまぬ豪雨によって未曾有の飢饉がフランスに発生し、その結果何千人もの貧民がパリにおいてさえ路上に倒れ、地方ではとりわけフランドルにおいて騒擾が勃発したさいに、ルイX世は次のような施策を布告した。「国王のあらゆる臣民を、一定の解放金支払いと引き換えに、人身的な奴隷制から解放すべし」と。☆1

当時、奴隷たちは自由と解放金支払いにたいしてたいそう抵抗したけれども、結局かの施策は遂行された。その他の領主もこの例にならった。そして一四〜十五世紀の古文書には全地方、領地、地域における解放に関する無数の事例が示されている。十六世紀にはフランス全土において、ジュラやガティネやアルデンヌといったわずかの孤立した、ほとんど忘れられた地方にいたるまで、人身的な農奴制はもはや存在しなかった。

それに代わっていたるところ、土地負担が登場した。だが農民は人身的に自由であり、それゆえに好むところへ移住することができたから、貢租は彼の耐えうるより以上に、すなわち、彼とその家族に十分な収益と収入とが残る以上に高くなりえなかった。農民にたいして領主地のきわめて広範な利用が、あるいは正式に承認され、あるいは黙認されることが、これにあずかって力があった。領主は

☆1 そのさい、実施を委任された委員会の命令において、解放の動機としてたとえばキリスト教や教会の戒律のようなものではなくて、自然法や民衆法が挙げられたことは、深い意義をもつものであった。「自然法に従って、万人は生まれながらに自由である。われわれの見るところ、わが王国はフランク人の王国と呼ばれているのである。」

狩猟と漁労のみを手許に保留したが、これにたいして家畜のための放牧地と建築用材と燃料用材とは農民にゆだねられたままであった。この用益権はゲマインデ団体の不可欠の物質的な一部となり、採草地（エルメス）、休閑地（ヴァカンス）ならびに森林（ボア）が占取され利用されたさまざまな権利関係は、ゲマインデ制度の基礎をかたちづくった。十七世紀中葉にいたるまで、この制度は手を触れられないできたが、それからのち農民とゲマインデの状態は悪化し、国家への貢租が増大した。貴族（セニュール）は堕落し、家父長制的関係は解体した。ゲマインデが領主の土地をたいていはきわめて完全に利用したので、直接所有権（ドミニウム・ディレクトゥム）は空なる権限となったと公言された。相互の権利の成立と意義に関する調査が行なわれるようになった。そして人は「土地所有の三分の一は領主に属する」という太古の原則に立ち返ったのである。

その後、一六六九年の条例は法原則として、トリアージュはもはや留保された所有の表出ではなくて、あらゆる譲与や土地貸与にたいする領主の補償——それが利子を取ってか無償でかにかかわりなく——を意味するべきであること、を言明した。これ以後、領主はゲマインデと争い、分離しようと努力した。そしてこれはまさに、貴族と農民の利害が分裂し、新たに発生する摩擦や係争を通じて相対立した時代なのである。かの最初の、領主により有利であった訓令は、後年のもろもろの布告を通じてふたたび彼らに不利なものとなった。すなわちそこでは、ゲマインデは古文書が逆のことを指示していないときには、領主にたいして一括支払いの補償もしくはこれに相当する利子の支払いによってトリアージュを補償したものとするという仮定が立てられたのである。混乱は革命にいたるまでつづいた。いまや人びとはますますよそよそしくなったけれども、法関係はより鮮明に規定された。そして領主は多くのものを失ったけれども、彼らはまた徐々に自己を確保したのであって、とりわけ、以前には法的ではなくとも慣習的に永小作として行なわれていた大量の小作関係において、いまや定期小作関係が厳格に確定され規制された。そしてとりわけ南フランスにおいて折半小作関係が広範に普及するにいたった。このことがイタリアにおけると同様、耕作を一定の低い水準に押しとどめたけれども、この折半小作地の耕作者が、封鎖的なゲマインデ団体に立脚することによって、イタリアにおけるような、かの孤立的で、民衆団体や民衆モラルを解体させるような、性格をもたなかったのである。

革命はこの関係にたいして打撃を与えた。革命は、精神的にはすでに著しく損なわれていた領主と共同体との関係を事実上にも完全に破壊した。十分の一税と領主権とは消滅した。しかしながらすべての定期小作関係ならびにたいていの永小作関係さえもが存続した。大所領の一大部分が破砕され、多くの場合、小作地を増大させた。共同体所有地は多くの場所で、しかしけっしてすべてのところにおいてではなく、分割された。だが旧来の共同体制度は完全に破壊されなかったとしても、すべてのところでまったく無視された。そして共同体は以前はそれ自体としてきわめて自立的で自由で、もっぱら領主の監督と指揮のもとにのみ組み入れられていたのに、いまや国家の手で恣意的に押しつけられた官庁の暴政のもとに陥ったのである。土地の完全な動員と分割可能性とが法的に宣言された。かくてフランスの農民は法的には、彼の地域的利害や心情様式やに立脚した共同体制度をも、身分法、家族法をもはやもたないのである。たしかに古来よりの風俗、習慣ならびに服装の残存物はいまなお、押し寄せる農耕文化の平準化にたいするささやかな歯止めとなってはいる。けれどもフランスの農民は、個性的な制度をも、また自己の気ままや自己の生活観や利害に従ってそれをもちうる自由をさえ失ったので、やがて農民ではなくなって、国家市民である耕作者になるであろう。だがそうなれば時流を押しとどめるものはなくなるであろう。そうなれば、土地は売却でき動員されているときは、必然的にもっとも有能な者の手中におちいる、けだし彼が最高値をこれに支払いうるから、というかの理論家の命題が大筋において実現されよう。だがそれはけっして現在考えられているようにではないのだ。下層農民や手労働者が土地を獲得維持するのではなく、大規模な農業上の工場企業家がなのである。けだし後者が大部分の資本を農業の改良に投ずることができ、それゆえ土地を最高度に用益しまた土地にたいし最高値を支払うことができるからである。さらにまた、イタリアの場合と同様、都市住民や資本家は、国債眩惑がひとたび（おそらくやがて）主要打撃をこうむったさいには、自己の資本をもっとももよくまた確実に維持するために、大工場企業によってすでに吸収されてしまっているのでない小さな小作地の買い取りと固定を行なうであろう。現在の耕作者はこの双方に、つまりかくも高度化された耕作にも、かくも大きな資本にも対抗することができず、それゆえ必然的にその土地を彼らに掏られてしまい、おちぶれて、誰かの農奴的な日雇い取りになるかまた別の人の故郷をもたない半小作人になるかにちがいない。

だがフランスでは現在なお良い方向への回帰が可能であるように思われる。農民は貧しいとはいえ、なお大多数が土地所有者である。共同体制度は承認されていないけれども、それでもそれはなお部分的に存在しており、地域的習慣における旧来の風習や生活様式はいまなおいくらかは維持されている。いたるところで事実上の存続が十分に認められるので、それを州法や地域法を通ずる再組織へと結びつけることができるかもしれない。だが遺憾ながら、自由主義も王政復古もなにか真に有機的なるものを創造するかあるいはせめて時代に適応したものを作り出すための最小限の能力をも発揮しなかった。バンジャマン・コンスタンやフィーヴェーはきわめて明確にそうした再組織を主張した。だが自由主義者も王党派も正義感ばかりつのらせて、創造能力を発展させなかった！　大中の土地所有は現在では代表制を通じて小土地所有者と真っ向から対立しており、前者はいわゆる代表をもっているが後者はそれを全然もっておらず、また前者はまったく別の、根底的に後者と対立する利害をもっている。このようなやりかたで代表者会議からいかにして小土地所有者の福祉と安定のためになにか真に正当かつ適切なことを期待しうるであろうか？　ブルボン王朝派が理論倒れで逆立ちした選挙法を実施しようとする代わりに農村共同体を再組織し、農民身分にたいして自立的な自由と封鎖的な制度とを、そしてまた会議への代表権を与えていたならば、その運命はおそらく別様となっていたのではなかろうか！

イギリスの現在の農村事情はフランスのそれとはまったく異なるということを、われわれはすでに述べた。イギリスの土地制度は、最古の時代に由来する、最初の土地占取と最初の定住の類型と性格とに内在する、全面的で本質的な相異を、フランスの大部分の地方の土地制度にたいしてもっている。☆2 フランスの最初の定住は入植者が村落をなして定着し、耕作することによって起こったが、イギリスでは入植者は散居的なホーフに均等に分散した。それゆえフランスでは土地制度全体の基礎は村落制度であるが、イギリスにおいてはノルウェーやドイツのフリースラント地方と同様ホーフ制度（そしてその上部にもしくはそれと並んで教区制度やマルク制度がある）である。ホーフ制度においてはつねにより個人主義的な自由と封鎖性と自立と一般的な国民感情が存在するが、これにたいして村落制度の地方ではより多くの従属性が、だがまた社交性とより多くの地域―共同感情が支配している。生活のこの二つの形式と方向とは等しく高貴で素晴らしいが、たいていは相互に排除しあうのである。

イタリアではホーフ制度は後年になってようやく人為的に導入された。そしてそれがいかにこの国を堕落させ、自由と国民性を滅ぼしたかは、すでにみたとおりである。イギリスではそれは昔から存在しており、イギリス国民がつねに誇りとするかの最高度の人格的、個人的自由を生んできた。しかしながらイタリアではこの制度の封建的性格が排除され打ち壊されて、すべてが近代の自由交易理論に従属せしめられたが、これにたいしてイギリスでは土地所有の封建的性格がたんに維持されただけではなく、近年には強化されさえした。教条主義的な理論家は、イギリス農業の繁栄せる現状についての彼らの驚嘆を表現するために（またそのさい彼らの論証の弱点をさらけ出すために）、イギリスにおいては封建的制度が維持されているがゆえにではなく、維持されているにもかかわらず、この事態が存在するのであると主張するのが常である。イタリアにおいては、この二つの合言葉を同時に使うことができるであろう。すなわち、イタリアには封建的な土地制度が破壊されたにもかかわらず、そしてそのゆえに、状態がかくも劣悪なのである、と！

しかしながらイギリスにおいても農民身分そのものは、理論偏重の国家立法の側からの直接の干渉によってではなく、時の経過と時代の発展のなかで没落した。そしてこうした経過のなかで、イギリスの農民身分は過去において、輝かしい時代をもったのである。十六世紀においてもなおホーフは、ノルウェーにおけると同様、特徴的に形成された農民身分のものであった。だがこの農民身分は残念ながら、自己をホーフに結びつける旧い家族法を、一般的な法原則もしくは法律もしくは特別の地域法によって守ることができなかった（これにたいしてノルウェーでは、オーダル法が農民家族を旧いホーフにしっかりと結びつけている！）貴族がその農場の世襲地としての質を維持したのに農民がそれを失ってしまったことは、明らかにイギリスの制度の主要な欠陥のひとつである。それゆえ、イギリスの貴族はいまなお、以前から所有していた領地を所有しているが、イギリスの農民は彼の農場の正当な所有権を大部分失ってしまったのである。だが幸いなことに、イギリスにおいて現物経済がすでに貨幣経済に席を譲った時代に、このことが起こった。それゆえ旧来の農民の子孫はなお大部分が小作人としてそのホーフに留まるという事態となった。とはいっても収穫物の半分を納める小作人としてではなく、貨幣小作料を納める小作人としてである！　この種の小作料は現物小作料と比較して、少なくとも農業の進歩を不可能ならしめるものではないという大きな公的の利益をもっている。

　この小作人の数は九〇年代以来、ある特別の出来事を通じてさらに著しく増加した。この時期にピット、バーク、ダンダスやその他の政治家たちが、共同地の分割ののちにイギリスにおいても姿を現わした一般的な動向をきわめて巧みに利用して、貴族の物質的な基盤を強化したのである。そのさい、

☆2　北部ならびに西部フランスの一部はたしかに散居制にもとづいて定住されており（ボスカージュ地方）、たとえばメーヌにおいては、鋭い境界線によって村落的定住と隔てられている。けれどもそれはフランスの国土面積の八分の一にも達しないであろう。それゆえ一般原則にたいする例外でしかない。ちなみにまた、フランスのこの小さな地域においては、旧来の慣習と旧来の法とがもっともよく維持され、またそれゆえに特徴的な住民性も他地方よりも強く支配している。それはヴァンデー地方やみみずく党員（シュアン）のもとにわれわれが見るとおりである。

次のような法的問題が発生した。すなわち、次第に教区のなかに定住するようになった小作農(ホイスリンゲ)たちは、旧来はマルク関係者たちの承認を得てかもしくはその不注意に乗じてか、自分たちの家畜を共同放牧地に放牧し共有林を利用してきたのであるが、これにたいする真の権利をもっているのであるか否か、したがって彼らは共有地分割にさいして土地の分け前によって補償される必要があるか否か、という問題である。法原則がそれにたいして道を譲らねばならず、また「国家」がそれによってある者の権利を削減したり、別の者の持ち分を認めたりすることができるための、功利主義ならびに正義の原則は、旧イングランドでは当時まだ知られていなかった。イギリス法はこの意味における時効というものを知らないから、イギリスの上級裁判所判事ならびに一二人の判事たちは次のように判決した。すなわち、ウィリアム征服王の旧封土分配ならびにそれに立脚する土地台帳——共同地が一定の比率に従って所属する始原的な領主ならびに家臣の数がそこに記載されている——が、分割の基礎となるべきであり、したがってかの小作農たちは共同地にたいする権利をまったくもたないのである、と。それゆえ彼らは結局は得るところがなかったのである。ところで、共同地分割によって生活のもっとも重要な基盤を失ったこの多数の人口(一七九一年に二〇〇、〇〇〇家族を上回った)は、きわめて悲惨な状態に陥ったと考えたくなるかもしれない。けれどもけっしてそうではなかったのである。正義を行ない誰をも怖れるな、という旧い原則がおそらくここにおいて驚嘆すべき仕方で自己を確証したのであった。彼らの一部分——しかしごくわずかの部分であるが——は、家屋と小さな財産とを売却して都市に移住することを余儀なくされ、市民的生業を営む者や工場労働者のなかに呑み込まれて、消滅してしまった。しかしおそらくは四分の三以上を占める多数の者は農村にとどまった。そして彼らの生活事情は彼らにとってこのうえなく好都合な仕方で変化したのである。すなわち大土地所有者は分割を通じて、かの共同地の大きな未開墾地所を獲得したが、それは遠隔地であるとかその他の事情によって多大の資本や設備を要した。そこで最良の利用に関して多様な困難が生じずにはおかなかった。その後この困難とかの小作農の困難とのあいだで自然の和合が成立した。小資本の前貸しの助けを借りて、小作農たちは大土地所有者の共同地持ち分のうえに一群の囲い込まれた小さな小作経営を設立した。そしてきわめて恵まれたその時代の好況のおかげで、彼らはやがて前借金を返却し、その経営を最高の繁栄状態に置くことができるようになった。その結果として、数年ののちには、これらの小作人たちは、合計すれば地所の価値をはるかに上回るような建物、農具一式、改良投資のすべてを自分のものとし、かのホーフの小作人であるよりはむしろ共同所有者とみなされるようになった。そしてそれゆえに、この時期以来たいていは、変わることなくその上に居住しつづけているのである。

一七九〇年以前のイギリスの土地制度は以下のようであった。数にしておそらく三〇、〇〇〇の大土地所有者は大規模な領地経営を行なってはおらず、菜園、森林、耕地——それらはたいていは相まっていわゆるパークをかたちづくっていた——を備えた土地を所有していたにすぎず、またその他に周辺の教区のなかに貸出地をもっていた。この貸出地は約一四〇、〇〇〇ないし一五〇、〇〇〇くらいあったであろう。それらは分散していたが、しかし平均して約二〇〇イギリス・モルゲン（エーカー）の中規模の完全に囲い込まれたホーフであった。これらの貸出地はかつての農民——それらの農民の生き残りは自作農としていまなお、これらの貸出地にまったくよく似た、そしてそれらと混在している、ホーフの上に存続したのであるが——の子孫によって小作農として耕作された。この小作農は強固に閉鎖的な、きわめて名誉ある、有能に教育された身分たるジェントルマン・ファーマー身分をかたちづくった。これの周囲に、かつこれに依存しつつ、一群の下層の小作人が存在した。分農場ならびに家屋は所有者により貸出地の上に建設され、上層の小作人によってこの下層の小作人に二〇～三〇モルゲンの単位で小作に出された。そしてこの小作人は同時に大貸出地の多くの仕事を引き受けねばならなかった。この階級はヨーマンリーと呼ばれた。その数はきわめて多く、当時おそらく二五〇、〇〇〇家族はあったであろうと思われる。

　最後に、日雇い取りや漁夫や猟師たちによって次第に一群の家屋が共同地の上に建てられた。彼らは領主の許可もしくは領主の不注意によって漸次に菜園やいくばくかの耕地を獲得し、たいていは貧しい、時代の浮き沈みや地域の事情に依存した、生活を送った。

　この最後に挙げた階級はいまでは、一七九〇年以来、大部分は消滅してしまった。日雇い取りとホイスラーは富裕な小作人に転化し、彼らの惨めな小屋はこぎれいな小作ホーフに変わった。その数は一五〇、〇〇〇へと増加したものと思われる。また彼らの財産は以前は粘土の小屋、小菜園、一モルゲンの土地、劣悪な家具から成り立っていたが、現在では建物、農具一式、改良投資、小作ホーフの価値（平均して二〇、〇〇〇～二五〇、〇〇〇ライヒスターラーに達することは確か）が彼らの財産である。戸口＝窓税を比較してみると、これらの人びとがかつては平均二・五ライヒスターラーを、だが現在では一〇ライヒスターラーを支払っており、したがって明らかに当時よりも四倍も広く快適な住居にすんでいることがわかるのである。

イギリスの人口は周知のとおり著しく増大した。一七九一年から一八一六年にいたる二五年間に八、〇三二、〇〇〇人から一一、五四〇、〇〇〇人に増えたのである。しかしながら、都市では五三％増えたのにたいして、農村では一一％しか増えていない。

けれども、この農村に居住する家族がきわめて豊かになったにちがいないことは、農業の全部門における生産の増大を見ればわかる。穀物生産は一七九〇年には播種量の約六倍に、だが一八一六年には一四倍に達した。

だがイギリスにおいて畜産が質量ともにいかに著しく発展したかは、皮革への税や羊毛の秤量証が示す数字を比較してみればわかる。一七八〇年には七七六、〇〇〇頭の牛類が屠殺され、そこから四二、七〇〇、〇〇〇ポンドのなめし皮が取れた。だが一八一五年には一、五四四、〇〇〇頭の牛類が屠殺され、そこから一四三、六〇〇、〇〇〇ポンドのなめし皮が取れたのである。イギリスは一七八九年には三三〇〇万ポンドの羊毛を生産したが、一八一五年には一億一三〇〇万ポンドの羊毛を生産した。

それにもかかわらず、イギリスはなお長いあいだ、農業を繁栄させるにはいたらなかった。けれどももし国内に革命が起こってすべてを破壊しないならば、イギリスはその現在の農村事情に内在する力によって、勤労によって、総じて勤勉・知性・貨幣におけるそのすべての資本によって、また農耕の進歩を可能にする諸条件によって、それを繁栄させることができるし、またさせるであろう。

フランスとイギリスの状態のこの一般的な叙述のあとに、われわれはなお最後に、個別的な比較を試みたいと思う。そうすることによって、近代の自由主義的な経済学の理論的主張のなかにある真実と虚偽とがおのずと明らかになるであろう。

イギリスとフランスの土地の生産力は平均してほぼ同一である。

全体としての人口はイギリスのほうがフランスよりも稠密であるが、イギリスの農村人口はフランスの農村人口よりも稠密ではない。首都に次ぐ一〇の大都市の人口は、イギリスでは一〇〇万人であるが、フランスでは七〇〇、〇〇〇人にとどまる。農業に従事する人口はイギリスでは三三％にすぎないが、フランスでは七五％に達する。イギリスでは土地が富者の手中にあり、土地の価値が高い割には（ノルウェーの山地やロシアのステップはもとより比較の尺度たりえない）、土地の分割や細分化があまり起こっていないが、フランスではそれがもっとも頻繁に起こっている。イギリスでは所有地の数は四〇〇、〇〇〇に満たないであろう。この尺度から見てフランスではその数はせいぜい一、四〇〇、〇〇〇であろうと見積もられるかもしれない。けれどもその数は一〇、四〇四、一二一を上回るのだ！　フランスでは三一〇〇万人の人口のうち約四五〇万家族が実際の土地所有者であり、五〇万をやや上回る日雇い取り家族が農村に住んでいる。イギリスでは一二〇〇万人の住民のうち約五〇万家族が土地所有者（もしくは少なくとも永小作人に近い小作人）であり、三〇〇、〇〇〇が日雇い取り家族である。フランスでは土地所有者家族は平均して五人強どまりであるが、イギリスでは七人に達することが確かである。というのは、フランスでは農民がゲジンデを利用したり養ったりする余裕がないために、農民の許にゲジンデがいないからである。

フランスにおける土地所有の分布は次のとおりである。二〇〇モルゲンを超える土地を所有する約一〇〇、〇〇〇の大土地所有者が耕作可能な土地の約四分の一を所有している。土地の四分の二は、六〇ないし二〇〇モルゲン（だが一三〇モルゲンを超えることはまれだが）を所有する中規模農場に属している。そうした所有者は約八―九〇〇、〇〇〇であると思われる。最後に、土地の四分の一は、たいていは一〇モルゲン以下を所有する三五〇万の所有者に属している。

ところで、かくも多数の勤勉な人びとが狭小な土地を自分と家族との手労働で耕作しているような、はなはだしい土地細分のもとでは、繁栄せる農耕、真の園芸農耕を呼び起こすことは期待できないのではなかろうか？　まったくその通りである！　これらの人びとや彼らの住居の外見を見ただけでもすでに、彼らの極端な悲惨さがわかる。イギリスでは農村のもっとも零細な日雇い取りの許でさえ小ぎれいさと秩序と有能さと一種のエレガンスさえもが支配しており、彼らの食事は満ち足りて良好であって、肉の出ない日はないが、フランスの農夫は汚くみすぼらしい、惨めな小屋に住んでおり、食事はわずかで、とても劣悪であって、祭日にも肉を取ることはほとんどない。イギリスでは食料消費全体の半分が肉消費であるが、フランスではそれは四分の一にとどまる。一八一二年の政府報告によれば、フランスの農村住民ひとり当たりの年間肉消費は一九ポンドに満たなかったが、イギリスでは二二〇ポンドを上回っているのである。だがフランスでは消費者に支払い能力がないので、これ以上の肉を生産しえないのである。そしてこれが土地細分の帰結なのである。

イギリスの農夫は小麦のほかは原料をほとんど販売しない。彼は原料をなんらかの仕方で加工して副収入を得るのである。彼は火酒を蒸留し、あるいはビールを醸造し、また家畜を肥育する。このことが彼の経営の生産力にたいしどれほど大きな反作用を及ぼしていることか！　家畜飼育数の増大に伴って、肥料生産が増大し、その結果、彼は劣等地を高度に耕作しうるようになるのである。

フランスの農夫は家畜を飼育することがほとんどもしくはまったくできない。彼の農地が狭すぎるのである。彼は自ら手労働することしかできない。それゆえ彼にとっては園芸的―商業的作物の栽培が唯一の有利なものであるはずだ。けれどもこの栽培は消費者の需要という狭隘な限界をもっている！　それゆえ飢えないため、また衣服を身に着けるため、彼はやむなく穀物を生産する。そして彼の肉体的力能と経営力は優良地を耕作するに足りるのみであるから、劣等地は放置されたままとなる。全フランスを通じてこのことがうかがえる。アーサー・ヤングは言う。「フランス人は優良地は良く耕すが、劣等地はまったく耕さない」と。小規模農業は耕作者を一年のうちのわずかな期間しか就業せしめない。それゆえ、なにか副業を営むか、別途の収益を得るかしえないときには、彼は遊休してしまう。だが小規模農業のみが併存しているところでは、お互いに副収益を与えあう余地はない！フランスにおいて人口の四分の三ではなくて半分のみが農業に従事していても、その半分は農業労働を完全に満たしうるであろう。全労働力の四分の一は、それゆえ現在ではつねに遊休しているのである。そして国民の生産力は失われてゆく。そしてこの損失はフランスにおいては自由意志によるのではなく、強制されて起こっているのだ。それは土地細分の帰結である！

イギリスでは全経営が相互に協力しあっている。それらは一群の関連した営業と結びついている。それらは農業労働力が失われない程度において人びとを就労せしめるのである！

ここでひとたび、双方のシステムが両国の生産に及ぼす直接の諸帰結を考察してみよう！

イギリスではすべての土地の半分が家畜飼育に向けられているが、フランスでは土地の一〇分の一にすぎず、したがって家畜小屋はイギリスでは巨大であるが、フランスでは小さい。このことを通じて、イギリス人には、穀物生産に充てられている土地を、フランスの同品位の土地の三倍の生産力をもつ土地に高めることが可能となるのである。

フランスではすべての小土地所有者はまったくありふれた三圃制経営を営みうるにすぎない。というのも彼らは自分の手以外の資本をもたず、家畜小屋も回転資本ももたないからである。したがって劣悪な土地の一大部分は耕されないままに放置されざるをえない。彼らは優れた輪作式農業経営に移行することがまったくできない。というのも、輪作経営を行なうためには設備資本のほかさらに、多年にわたる収穫を種畜に投下することが必要であろうからである。今年はじまった輪作経営は何年もたったのちにようやくその産物を消費や販売のためにもたらすことができるが、かの小土地所有者はかの将来利益を自らに確保するために何年ものあいだ飢えていることはできないのである！　だが大中規模の農場の折半小作人もまたより優れた耕作システムに移行することができない。なぜなら、収穫の半分を収得する遠隔地の土地所有者は、飼料用作物の導入をなしえないであろうからである。この種の小作地はつねにもっとも低い段階の農業に留まらねばならないのである。

それゆえに、土地所有者自身によって経営されるか、もしくは永年にわたって勤勉な小作人に小作されているような大農場、ならびに経営資本をもつかあるいは関連した営業たとえば駅馬車や運送業などを営むような土地所有者が自ら経営する中規模農場のみが、フランスでは優れた進んだ耕作をおこなっているのである。一億二九〇〇万モルゲンの耕地のうち、すでに農業の改良の行なわれた土地は高々二一〇〇万モルゲンにすぎず、有利な諸事情のもとにはあるがおそらく当面資本がないためにいまだ改良の行なわれていない土地約一〇〇〇万モルゲンがこれに付け加わる。この改良農業に従事している家族は約一二〇、〇〇〇にすぎないであろう。これにたいして劣悪な耕地は九五〇〇〇万モルゲン、貧しい家族は四〇〇万である。これはいったい優れた比率であろうか？

両国の比較の結果としてわかるのは以上のことである。そしてこの両国のうち一方のイギリスは封建貴族的な土地制度をもっているが、他方のフランスは近代的な民主的な土地制度をもっているのである。

ドイツの農民身分について

ドイツの農民身分の制度は無限の、このうえない多様性、相異、個性、過渡形態や転化形態を示しているが、それにもかかわらず、その基礎には、定住によって生み出された土地の相貌の、特徴的に異なった二つの類型、ならびに本源的に異なった三つの農村制度が存在するといえる。

メクレンブルクに発するひとつの鋭い線がある。その線はリューネブルク、カーレンベルク、シャウムブルク（ヴェーザー河畔の）を通り、そこからリッペ川の源流へ、さらにヴェストファーレン山地の上手に進み、最後にベルク、ユーリヒを横断してネーデルラントへと抜けている。この線は散居的なホーフ制の定住と封鎖的な村落制の定住とを分かっているのである。すでに、すべての土地制度や土地事情に関するメーザーの鋭い観察は、土地の外的相貌を通じて頑強に維持されているこの対照を見落とさなかった。彼はそのなかに諸民族を分かつ境界線を予感し、ホーフ制度をその不変性、まったく破壊されることのない安定性のゆえにザクセン的制度と呼び、村落制度をどちらかといえば変化する、動きやすい原理を含んでいるがゆえにスエヴィー的制度と名づけた。だがこの相違を解明するには、おそらくもっとはるかな昔に、たぶん神話的な時代にまでさかのぼらねばならないであろう。そしてこの相違がヨーロッパの二つの原民族の最初の定住に由来するものであることは、きわめて確かであるらしく思われる。

すなわち、先に述べた境界線はさらにずっと先までたどることができるのである。その線はネーデルラント、北部フランス、東部イングランド（ウェールズと対照をなす）、スコットランド低地、アイルランド、ノルウェーを通って、スウェーデンの北部、西部深くに入り、さらにデンマークを通って、最初に述べた出発点であるメクレンブルクにつながるのである。それゆえにこの線は、総じていえば、北海を取り囲む国々を通っているのである。わが国の太古史に関するもっとも思想豊かな著書のひとつ[☆3]には、かつて北海が湖であったこと、スコットランドはオークニー諸島ならびにシェトランド諸島を通じてノルウェー、スウェーデンと結びついており、スウェーデンは島々を通じてユトランド半島と結びついており、またフランスは海峡諸島を通じてイングランドと結びついていたこと、この巨大な湖の周囲の盆地にゲルマン人の原人（インドゲルマン人）が散居的なホーフ制度をなして居住していたこと、が主張されかつ論証すべく試みられている。そして事実、かの国々すべてを通ずる、定住の景観における、内的原理において相似ており、また外見においてまったく共通の農村制度とい

☆3　ハムのシュルツェの著書。

うかの異常な謎は、これ以外の説明では十分に解明しがたいと思われる。

もしそうだとすれば、さらに次のことを認めねばならないであろう。すなわち、ゲルマン人の原住地は初めは村落が始まる線までしか延びていなかったこと、それゆえドイツの他地域における村落による定住は他の民族おそらくはケルト族のものであること、その後なにか大きな自然現象によって北氷洋がノルウェーとスコットランドとのあいだに侵入して、その結果、北海が決壊して、一方ではベルト海峡、ズンド海峡を通じてバルト海とつながり、他方では海峡諸島を通じて大西洋とつながってしまい、大波によってその居住地を追われたゲルマン人たちはケルト種族のなかに投げ込まれ、これを殲滅し制圧し、その居住地を奪いとったが、その衝撃はその後、広範に拡大し、一方ではケルト種族をさらに南へ追いやるとともに、他方ではケルト種族を北ガリヤやベルギーに居住していたゲルマン種族のなかに投げ入れ、その結果、後者はまたその居住地から追われるにいたり、ここからして、ベルギーにおける両国民の大規模な混交がローマ時代にいたっても認めうるように思われること、これである。第一の南方への移動を証明するのはおそらく、ギリシャ人やローマ人の太古伝説に示された北方諸民族の大移動、たとえばブレンヌスに率いられたガリア人のローマへの移動であろう。

しかしながら、一見しただけで明らかな定住そのものにおけるかの相異のほかに、さらにドイツの村落的定住地帯のなかに第二の線が走っているのである。すなわち、キリスト紀元後最初の幾世紀かのあいだにおけるドイツ諸民族の大移動は、ゲルマン人の放棄し、あるいは居住者の少なくなったドイツ東部地方へのサルマート諸種族の進出を誘発し、これらのサルマート諸種族は、定住様式そのものを変化させる能力も意欲ももはやもたなかったとはいえ、村落制度のなかへ、消しがたく存続している諸要素を持ち込んだのである。それゆえ、ドイツには現在なお存続している三つの本質的に異なった定住の基本諸制度があることを認めねばならない。(1) 原始ゲルマン的なホーフ制度。(2) 始原的にはケルト的な、そしてゲルマン人によって受容された、それゆえにケルト—ゲルマン的な村落制度。(3) その後サルマート諸種族に受け継がれた、それゆえケルト的—サルマート的—ゲルマン的な村落制度。

これら三つの制度の特徴的な個性は土地所有関係のなかにあり、その後幾世紀という長期が経過し、また無数の影響、変化、過渡等々が介在するにもかかわらず、次の点が明瞭に認められるのである。すなわち、第一類型は本源的に各個別のホーフ所有者の私的所有に立脚しており、第二類型は自由なゲマインデの総有に立脚しており、第三類型は村落の長、領主ならびに従属的ゲマインデによる定住に立脚しているということが。

われわれはこれら三つの制度の特徴を、一部は歴史と時代の影響一般により、一部は近年の立法により、発展し形成されてきたところに従って、浮き彫りしてみたいと思う。

ドイツにおけるホーフ制度の独自性は、その消しがたい特徴を孤立分散的なホーフによる定住に負っている。だがまたこの定住によって生まれる独自性は、相互にまた他国のホーフ制とのあいだにきわめて深い内的な親近性と共通性とを帯びているのであって、その結果、たとえばノルウェーにおけ

る生活―法関係、家族法ならびに農業―牧畜法は、今日にいたるまでフリースラントのそれと驚くほどよく似ているのであって、そうした相似性はフリースラントとドイツの他地方とのあいだには存在しないほどなのである。しかも、おそらく二〇〇〇年以上も前から広い海がノルウェーとフリースラントとを隔ててき、あらゆる高権的関係がそれぞれ別個に形成され、同様に長い期間にわたって相互にもはや理解しえない言語が双方を隔ててきたにかかわらず、また逆にドイツではフリースラントと他の地方とのあいだで言語、制度、政府が一〇〇〇年来共通であったにもかかわらず、そうなのである。

この種の制度の支配する地方には、ノルウェーのような山岳地方であれ、東部イングランドのような肥沃な平野であれ、北西ドイツのような砂地であれ、孤立分散して存在するホーフが点在する。各ホーフはそれを取り囲む菜園、耕地、採草地、木立ち、森林を備えて、完全に封鎖的な自立した領域をかたちづくっている。定住されていない土地であるハイデはたいていはそれぞれに異なった特定の所有―用益関係に応じて各ホーフに属するかあるいは近隣の多数のホーフからなるマルクゲノッセンシャフトの総有のもとに立っている。けれどもこれに参加している各ホーフはこれ以外の点ではゲマインデ関係を取り結ぶことはまったくない。それらのホーフは、自立的に存在するかの総有以外には、相互に絡み合いホーフそのものを有機的な全体へと縺れ合わせるような共同の物的利害をなにももっていない。ホーフ相互のあいだには序列の差も階級分化も存在しない。けれどもホーフ相互のあいだにはやはりゲマインデ的結合は存在する。しかしながらそれらは（少なくとも本質的には）物的利害に立脚するものではなく、かのマルクゲノッセンシャフトとはまったく別個かつ独立に存在しており、たいていはかのマルクゲノッセンシャフトに参加しているホーフ全体を包含することはない。すなわち、それらはもっぱら教会―政治的ならびに高権的関係に立脚するにすぎないのである。

教区（キルヒシュピール）共同体はそのものとしては、ときには共同の権利義務たとえば教会代表（シュテンデ）を選出し、教会建物の共同の建設や修理などを負担することはあるけれども、元来は真の物的利害をも政治的性格をももつものではない。だが一種の政治組織をなすのは農民区（バウエルンシャフト）（少なくともこれがもっとも普及した名称であるが）という区分である。それは一群のホーフをゲマインデに統合して、その政治的で公的な共同の事柄に備える。そうしたゲマインデはけっして共同の所有あるいは共同の物的諸権利をもつものではなく、そうしたものがたまたま存在してもその地域が先述のマルクゲノッセンシャフトの地域と一致することは偶然によるものであって、本質的なものではない。キルヒシュピールの区分がおそらくは太古の異教的―司祭的区分に由来するとすれば、バウエルンシャフトの区分はたぶんヘールバン等々の軍事的区分の残存物と呼ぶべきであろう。

いまひとつの区分は高権的な区分すなわち裁判地域（ゲリヒツベツィルク）の区分である。たまたまその境界がマルクゲノッセンシャフトやキルヒシュピールやバウエルンシャフトの境界と一致することがあっても、これもまた必然的かつ本質的にそうなのではない。むしろ裁判地域は通常こうした小さな区分の多くをひとつの全体、ひとつの裁判地域つまりアムトへと統合するのを常とする。だがしばしばまたかの区分のなかの多くの分散したホーフがひとつの裁判所に結びついている。すなわちオーバーホーフ、リヒトホーフ、シュルツェンホーフ等がこの裁判所の頂点に立っている。いくつかの地方ではすべての高権がそれに固定されているが、他の地方ではそれはたんに法廷をかたちづくるにすぎず、それの所有者は裁判長であるにすぎない。

すべてのホーフ制度はその法的規範の多様性ならびに精緻で強固な形成によって際立っている。生活—法関係全般において驚くべき相似性と単一性とが認められるにもかかわらず、個人的で人格的な関係はこの全般的な境界の内部ではきわめて自由かつ多様であって、ほとんどすべての裁判所がこの点でその他とは異なる独自の制度と構成と特別の法規範とをもっている。概していえばそれの形成は裁判区の仲間たる農民に発しており、近年にいたるまで（ノルウェーでは現在もなお）裁判もまたたいていは彼らの手中にあった。これらの裁判所は人民裁判所という性格をもっとも長くまた強固に維持してきた。そしてホーフ制度のもとに生活する諸民族はなによりも、本来的な法理解の異常な形成によって際立っているのである。

ホーフ制のもとに生活する民族の性格は自立的で慎重、まじめでメランコリックである。孤独で孤立した生活を送っているので、思考の軋轢や新しい思想の理解力には見るべきものはないが、習俗、伝統、慣習、世代を経て受け継がれてきた伝統的生活関係の強固な維持、現存する積極的な法の頑固な固持が特徴的である。きわめて深い郷土愛が認められるが、それはたいていの場合、両親から受け継いだホーフおよび高々キルヒシュピールのバウエルンシャフトに限られている。彼らの祖国は荒涼とし、一部は陰鬱であるが、彼らはそこから移住したがらない。彼らは一般に粘液質的で革新欲に欠けた種族であるが、一点だけ詩的な側面をもっている。つまり海上に出て幸運と冒険とを求めようとする欲求である。そして歴史を通じてノルマン人、デーン人、アンゲルン人、ザクセン人、フリースラント人、オランダ人、イギリス人は、四海を駆け巡るもっとも勇敢で企業心ある航海者であった。

だがその郷里にあっては、攻撃を受けたり内部で好んで引き起こしたもめごとのさいにはつねに勇敢ではあったが、けっして本来的に好戦的であったり、征服欲があったりはしないのである。

こうしたホーフの耕作者の個人的諸事情はきわめてさまざまであるが、二つの主要な類型を確認することができる。すなわち自由農民ならびに頭（かしら）に従属する農民である。

フリースラント地方で支配的であり、また他の地方でもいたるところに散在している自由農民は、しっかりと定められた家族法のもとに生活し、世襲財産（フィディイコミス）的関連もしくは長子相続的関連のもとにそのホーフを所有している。これらのホーフはさまざまなマルク的―バウアーシャフト的―裁判所的結合のなかで終始独立的に存在し、独自の権利をもってこれに加わっている。すでに述べたとおり、たいていは裁判所、法廷である主ホーフが存在するが、この主ホーフは他の諸ホーフにたいして、仲間中の上位者（プリームス・インテル・パーレス）の地位に立っているにすぎない。裁判長の地位は主ホーフのものとされるが、判決には他の諸ホーフの所有者も平等に参加する。

旧ザクセン＝ヴェストファーレン地方では、農民はたいていは、特定の上位ホーフにたいする従属関係のもとにホーフを所有している。そして一八〇六年以前には、彼はいわゆるアイゲンベヘーリッヒカイトのもとに立っていた。すなわち、移住を欲するならば彼は頭のホーフで半年または丸一年ただで奉公し、解放証を買わなければならなかった。そして父親またはホーフのそれまでの所有者が死亡したさいにはその相続分のうちから一定の部分、ある地域では半分、他の地域では最良の家畜一頭のみを、頭に与えるか貨幣のかたちで支払うかせねばならなかった。ホーフは彼ならびに、長子相続権または末子相続権に従ってその子孫に、所属した。ときには子供たちの誰をホーフの相続者にするかの決定権が頭に属することもあった。ホーフそのものからは彼はたいていはそれほどたいした奉仕や貢租を頭に納める必要はなかった。

ここでは自由か不自由かは農民の性格にまったく影響を及ぼさなかった。アイゲンベヘーリッヒな関係にあるラーフェンスベルクやオスナブリュックの農民は自由なフリースラントの農民と同様つねに有能、強力であり、名誉心強く、誇り高く、郷国や王侯にたいして忠誠であった。

これらさまざまな農民すべてのホーフにおける農業と文化は総じて、押しなべて平凡なものにすぎず、あらゆる革新、伝統からのあらゆる逸脱は嫌悪され、孤独で閉鎖的な生活のなかで、進歩する新しい文化と接触することはあまりなく、彼らはたいていは、祖先から受け継いだ経済事情のもとで、同一の教育水準にとどまっている。しかしながら、彼らは他面では、その生活状態においてきわめて中庸を得ており、きちんと規則正しく生活しているので、彼らの生活事情が非常に停滞的だとは言っても、恵まれていないということにはならない。そして一般にホーフ制度のなかにあるドイツの農民ほど裕福で豊かな農民は大陸にはいないのである。

最後にいま一度、ホーフ制度の根本性格として、それが私有財産に立脚していることに触れておかねばならない。ホーフは私有農場である。それは高権（王侯もしくは領主）にも民衆共同体にも属していない。ホーフはつねに自由農民かもしくは小作人あるいはアイゲンベヘーリッヒな家族にホーフを耕作せしめている頭かの家族に属している。しかしこの後者の場合にも、ホーフはけっして頭のホーフの付属物ではなく、頭はそれを土地領主もしくはバウアーシャフトの長として所有するのではなく、バウアーシャフトというゲマインデのなかの株式である農民農場の私的所有者として所有するのである。

総じてホーフ制の支配する諸国における国制のなかでの貴族の地位ならびにとりわけ貴族の農民身分にたいする関係は、類型的に見て、ドイツの非ホーフ制的な地方におけるそれとは異なる。ノルウエーでは貴族は時代の経過とともに（ノルマン人の首長として）流出して消滅するか、あるいはこの地域にきわめて強力にかつ有機的に形成されてきた農民身分に圧倒されて消滅するかした。その痕跡は法廷のある裁判ホーフのうちになお見出さるべきかもしれないが、しかしその所有者は他の農民と異なった身分をかたちづくるのではなく、せいぜい裁判長などを務めるにとどまる。フリースラント地方ではおそらく貴族は疑う余地なく、著しく減少したとはいえ、その原始ゲルマン的地位をもっとも維持したものと思われる。この地方では貴族は今日にいたるまで農民共同体の頂点に立っているが、それは各ホーフのグーツヘルあるいはゲマインデのグルントヘルとしてではなくて、世襲の政治的な民衆の長としてである。すなわち、彼は法の源泉ではなかった。彼が法を与えたのではなく、法は民衆—裁判共同体によって与えられ、形成された。そして民衆—裁判共同体は貴族の指導と保護のもとに立ち、自ら法を宣言したのである。それゆえ彼のホーフには著しい優越があるのみであって、現実の支配は確立されなかった。またこの地方では貴族の領地はその外的な規模では大型の農民農場よりはなはだしく大きくはなかったのである。（貴族はこの地方では、領地の数によってのみ豊かであっ

て、その大きさによってではない。）イギリスにおいても土地制度のこの部分の根本原則をいまなお明瞭に認めることができる。マナー領主はフリーホールダーにたいして、ノルマンの封建法が領主の法廷に固定された自由農民の個人的関係を（レーエン農民の）家臣たる個人的関係に転化してしまったにかかわらず、いまなおほぼ同一の現実法的関係に立っている。フリースラント地方のホーフ制地帯においても、この原則は見まがうべくもない。そしていまなお自由農民が維持されているところ、たとえばホヤにおいても、変化していないのである。しかしながら、おそらく他のいずれかのドイツ種族、おそらくザクセン族の征服によって、旧来からそこに定住していた種族が従属関係のもとにおかれるにいたり、旧来の定住、組織、区分が存続したにかかわらず、やはり法と裁判制度とは部分的には、下から形成された法制度というよりも上から与えられた法制度という性格をより強く帯びるにいたった。それゆえにホーフの従属的耕作者は、制度のあらゆる下層の現実的分野すなわちマルクゲノッセンシャフト、バウアーシャフト、キルヒシュピールにおいては、ホーフの権利と地位とを完全かつ独立に代表するものの、ただ国制においてはランデスヘル自らがホーフとその耕作者とを代表するのである。

最古のもっとも純粋にゲルマン的な［ホーフ］制度と比較しつつ、われわれはいまやこれら三つの

類型のうちの最新の類型、すなわち、もっとも多くの外来的要素を取り込み、それゆえに第一の類型とはもっとも決定的に対立する第三の類型を提示しよう。それはすなわち、十六世紀以来ゲルマン化したスラヴ地方における制度である。

散居的ホーフによる定住地と旧スラヴ諸種族定住村落とを鋭く分かつ境界線がリューネブルク地方を走っている。ここにおいても観察者の目を最初に打つのは、ホーフ制度のところですでに述べたのと同じ感想である。すなわち、北海をめぐる全地域において原始ゲルマン的な定住形態が、いかなる変化や分離によっても色あせることなく存続し、今日にいたってもなおフリースラントとノルウェーとはたとえばフリースラントとヘッセンに比べてより多くの比較点や類似点をもっているのとちょうど同じように、これらの地方ではサルマート的性格が支配しているのである。土地の外観、村落の位置、外見、建築様式が、サルマート諸種族がいまなお純粋に存続しているベーメンやポーランドといった諸国のそれと酷似している。何世紀ものあいだ政府は別個であり、別の言語をもつまったく別の種族がそこに居住しているにかかわらず、である。

例外なく村落による定住が行なわれている。これらの村落は一般に小さい。五ないし七戸からなる村落があり、三〇—四〇戸からなる村落はすでに大きい部類に属する。こうした村落のすべての外的な関係は、規則性と秩序とを求める一種の努力を示している。すなわち村落の構成は、ただ一本のたいていはかなりまっすぐな道と通常村の中ほどにある教会と村の端にある貴族の館とから成り立っている場合と、中心をなすたいていはやや長めかしばしばほとんど円形の地域の周囲にすべての家屋と菜園とが密集していて、村落への出入口がただひとつしかない場合とがある。農家そのものも菜園と同様、たいていは規則正しく四角形をなしている。耕圃は多くの個別的な耕区に分かれ、この耕区はさらにたいていは、村落内の農家の数と同じだけの同じ大きさの耕地に分かれている。それどころか、しばしば各耕地は村落内の家屋の並び方と同じ並び方で各農家に配分されている。村の教会と牧師館またしばしば村長宅も土地所有に立脚しており、それらの土地は貴族館の土地と同じく他の土地と混在している。農家は通常二つの階級すなわちフーフェ農民（ヒューフナー）と小農民（コッセーテン）とに分かれているが、そのうち前者は連畜の保有義務をもつ者と特徴づけられている。この二つの階級の内部では各人の外的事情はたいていは平準化していて、通常その農地はほとんど同じくらい大きく品質も同じである。各階級内部での不平等ならびにいくつかの地方に存在する副次的区分すなわちヒューフナー、半ヒューフナー、大コッセーテン、小コッセーテンは本源的なものとは言いがたく、おそらく時代の変化の所産なのであろうと思われる。個々の農家に配分された菜園、耕地、採草地のほかに、通常なお村落民の共同用益にゆだねられている土地部分すなわち荒地、放牧地、採草地、森林、放牧—伐木権が存在する。この場合、階級区分は、どの程度またどのような原則に従って個々の農家がそれに関与しうるかの基礎をなす。すなわち、しばしばこれらの階級は共同の村落用益地のほかにさらに特別の私的用益地を、たとえばヒューフナーは連畜のための特別の放牧地を、またコッセーテンは特別の木材などをもってさえいて、ゲマインデのなかにさらに小さなゲマインデをかたちづくっているのである。

貴族の館たるドミニウムは、すでに述べたように、村民の土地と混在するかたちでその土地を所有している。だが貴族は通常村民にたいして、彼らのなかの最強の第一人者として関係するのではない。

貴族に直属する土地面積は村落の土地面積をほとんどつねに二〜三倍、ときには六倍も上回っているのであり、その結果、土地面積における優勢だけでもすでにドミニウムの村落にたいする支配的な影響を説明するに十分であるように思われるのである。ドミニウムは村落とともに、封鎖された統一体をかたちづくる。だが誤解の余地なく、この統一体は元来はこのドミニウムのヘルに所属したのであって、彼が頂点に立つ自由なゲマインデに所属したのでもなければ、彼と村民とで構成されるコルポラツィオンもしくはゲマインデに所属したのでもない。すなわち、ドミニウムがより始原的なるものであって、村落はドミニウムの分身にすぎない。村落がドミニウムのために存在するのであって、ドミニウムが村落のなかから徐々に成立したのではない。この制度の根本性格を正しく評価しようとするならば、このことを念頭に置かねばならないであろう。村落の農戸はドミニウムの領地を開墾しこれを耕作するために、そこにおかれている。それゆえに村落の農戸はその目的を達しうるため、土地ならびに農具（ホーフヴェーア）を付与され、相まって二つの構成部分からなるコルポラツィオンをかたちづくるのである。すなわち、すべてのヒューフナーは連畜による耕作労働を行ない、すべてのコッセーテンは手労働を行なう。それゆえそれぞれのヒューフナーの農戸はドミニウムのための連畜用の馬とそれを使役するに必要な労働力とを配置されており、またそれぞれのコッセーテンの農戸は世襲の手労働者を配置されているのであって、それらはそうした家族の維持存続のために十分のものでなければならない。

ドミニウムの農業はその耕作に従事する農戸の数と種類とによって規定されており、またそれらによって確保されねばならなかった。したがって、これらの農戸は、かの負担に持続的に耐えることができ、時代のあらゆる浮き沈みや非常事態に対処しうるよう、十分な仕方で配置され安定化されねばならなかった。したがって各農戸の設定はできるだけ豊かになされねばならなかった。だが農業労働は相互に縺れ合う、規制された全体であるから、それの経営をゆだねられたコルポラツィオンもまた適正に関連しあう有機的な構成を、厳正に測定された制度をもたねばならなかった。それゆえにわれわれはこれらの地方において、今日もなおいたるところに、村落の内部関係すなわち厳格な階級区分、耕地規制、家畜規制、牧場―放牧規制等々がもっとも明確に、ドイツの他地方の自由な村落制度におけるよりもはるかに良く整序されているのを見るのである。この地方にはまたドイツの他地方に存在しているようなさまざまな村落の利害の共同や相互の権利や放牧権などの縺れ合いはどこにも存在しない。この地方では村落はお互いにまったく孤立して別々に存在している。いくつかの村落が同一、のドミニウムの領域の上に存在してそれに所属している場合にのみ、おそらく共同の権利も存在するのであろう。この規制され明確に区画された制度は、研究しうるかぎり史上古くから存在しているのであるから、大きな歴史的な謎であろう。民衆やゲマインデの関係のなかから徐々に自然に形成されてきた制度は、こうした規則性、こうした厳格な法則性をもちえない。そうした制度もおそらく民衆の一般的性格やゲマインデの不可欠の必要やさらには同様の性格をもつ時代の出来事や偶然の及ぼす同様の性格をもつ影響を表現し、自己のなかに取り込み、そのことによって類似性を生み出すことはできるであろう。しかしながら形態の完全な同一性というものは、こうした仕方ではけっして生まれうるものではないのである。ホーフ制度について前述したところで挙げたデータはわれわれに具体的にこのことを教えている。それゆえに、すでにこのことはわれわれに、この村落制度が他の仕方で発生したにちがいないと考えてよい確かさを示しているように思われるし、また実際にそれは歴史的に論証しうるのである。それはドミニウムの領主によって認可され、制度と権利との全体が領主に発しており、領主によって与えられている。そしてもっぱら領主によって保護され保証されている。それゆえにこの村落制度は内部的には厳格に規制され、確固とした法関係がそれを維持しているけれども、上に向かっては元来なんの権利をも行使しえないのである。領主は好きなときに村落全体を廃村化させ、その土地から新しいドミニウムを創ったりすることができた。そして近年にいたって領主がそうしたことをもはやできなくなったとしても、それはがんらい村落の私法が領主を阻止したからではなく、ランデスヘルシャフトの法がそれに反対したからであった。すなわち、領主はランデスヘルの臣下であり、ランデスヘルにたいして一定の人的、物的な義務を負っており、自ら戦場に赴くとともに、一定の数の従者を立ててこれを養わねばならなかった。だがこの一定の度合と権利とのもとに課された義務は、ドミニウムに立脚しており、この軍人的な封土—フィデイコミスが完全であることは、ランデスヘルの要求であり権利でもあった。それゆえランデスヘルはドミニウムの農戸数が減少することがないようにと要求することができた。というのもこの農民のなかから戦士が徴兵されねばならなかったからである。この考えはフリードリッヒ・ヴィルヘルム一世ならびにフリードリッヒ二世の立法のなかになおうかがうことができた。すなわち、貴族身分がランデスヘルにたいして陸軍の将校を供給するゆえに、貴族にドミニウムを維持せしめ、また農民が兵士を立てる義務を負ったがゆえに、［農民に］農戸を維持せしめようとしたのが、これらの立法なのであった。

サルマート的—ゲルマン的なドミニウム的制度が支配しているこれらすべての地方では、いまなおかなり明瞭に、この制度の構成要素たるサルマート的要素とゲルマン的要素とを識別することができる。この制度が形成されたのは無法な戦争の行なわれた時代であるが、同時にまたキリスト教と一種の教養とがすでに支配している時代であって、不十分ではあるが確かな情報が伝わっている。これらの地方を征服した、封建貴族を従えた諸侯は、キリスト教に改宗しようとしないスラヴ人居住者たちを有無を言わせず追放し、もしくは根絶しようとした。そしてキリスト教に改宗した者さえをも強制して、その旧来の絆を断ち切って、徐々にゲルマン化させようとした。国土は侵入してくる征服貴族のもとで分割された。貴族はドイツの風俗、ドイツふうの見方、習慣を持ち込んだだけではなく、一群のドイツの従者下僕をも連れてきた。そしてさらに多くの人びとがこれにつづいた。こうしてドイツの諸組織をサルマート的土壌の上に移植することが可能となった。とはいえ、このことはきわめて漸次に起こったにすぎず、何世紀をも通じてわれわれは、貴族もしくは市民身分の人びとにいまなおスラヴ的諸関係のもとにある村落をゲルマン化するための権利と委託とが与えられていることを示す無数の古文書を見出すのである。そしてそれにもかかわらずこのゲルマン化が必ずしも完全に成功していないことを、今日なおドイツ人のあいだに混じって純粋のヴェンド人住民が居住している二、三の地域がわれわれに示している。

それゆえ、五ないし六世紀間にわたって、大部分は達成されたゲルマン化にもかかわらず、いまなおサルマート的生活諸形態が見出される。そして今日なお始原的にサルマート的なものとして表われているのはとりわけ最初の定住形態、国土の外形である。すなわち、村落の配置、家屋の構造が国土の景観を異ならしめているのであって、それは著しく豊かに秩序正しく文明的になったとはいえ、たとえばテューリンゲンやザクセンよりもポーランドやベーメンにより似ているのである。農村住民の衣装とりわけ婦人の頭飾りにも同様に、あるサルマート的なものがいまなお明瞭である。また農具、車の構造、連畜の仕方（三〜四頭の馬を横に並べる）、にも、さらにそのさい御者がけっして馬に乗らないでつねに車の上から馬を御し、しかもただ一本の手綱で操ること、およびその他多くの小さな諸特徴のなかにもサルマート的性格と習慣とがいまなお維持されており、容易に見分けがつくのである。

だが村落制度の大部分は国土に導入されたドイツ的なものとみることができる。ヒューフナーとコッセーテンという二階級への分割はドイツ的である。そしてわれわれはそれを村落制度の存在するドイツの他地方の大部分に見出すのである。スラヴ諸民族はそれを知らなかった。その事実は今日なお円形に作られた村落の多くにおいて見出される。（そこには総じてスラヴ的習慣、制度の名残がもっとも多く維持されている。）すなわち、そこには通常住民のもとに分割が存在せず、単一の階級が存在するのみである。耕地の分割がいまなお古スラヴ的であるか、それとも征服者であるドイツ人によって古スラヴ的なものが修正されたものであるか、あるいは新たに導入されたものであるのか、は決しかねるところである。同様にまたこの地方で村落制度全体の主要な土台となっている厳格な三圃制度がどの民族に由来するものであるかも定かではない。すなわちわれわれは三圃制度をゲルマン人のもとにも、サルマート人のもとにも、ケルト人のもとにも、歴史の曙期以来、また史料の伝えるかぎり古来より見出すのである。明確にドイツ的と言って良いのは村落裁判所（シュルツェとシェッペン）の組織である。それどころか古文書によれば、主としてこの組織を通じてゲルマン化が行なわれたのであった。

村落のドミニウムにたいする関係において、サルマート的形態とドイツ的形態とがおそらく融合したのであろう。その土台したがってまた全村落制度の土台は厳格な対物的奉仕関係であって、それによればドミニウムの耕作全体が村落の負担であるだけではなくその目的なのである。この根本観念は明らかにゲルマン的であるよりもむしろサルマート的である。だが奉仕関係の様式と形態、限定と取扱いはどこまでもドイツ的である。

村落住民である農民の領主にたいする人的関係についても、同じ指摘をすることができる。人格的依存の関係、生涯にわたる強制的奉仕の関係は、すべての時代に、また地球上のあらゆる民族のもとに見出される。それゆえにこれはおそらく人類史の根本的要素のひとつとみなされねばならないであろうが、それの哲学的研究はまだけっして完結していない。それどころかほとんど始まってさえいないのである。だが奉仕関係の性格と形態とは民族ごとにきわめてさまざまである。もっとも劣悪で過酷で完全に無条件的な奴隷制は中央アジアに根を下ろしている。それは西方へ向かうにつれてたえずその性格を穏和にしてくる。この温和さは大部分がキリスト教のおかげである。(たんなる文化のおかげなのではない、というのは、きわめて文化的なローマ人やギリシャ人のもとにあって、周知のとおり奴隷はなお物であって人ではなかったからである!)キリスト教に阻まれて、純粋の真正の奴隷制は維持すべくもなかったのである。だがまたキリスト教の侵入以前からすでにヨーロッパにおける三大北方民族たるサルマート人、ゲルマン人、ケルト人のもとでは人格的依存関係(それはアジア的意味の奴隷制ではけっしてなかった)は南欧諸国民のもとにおけるよりもはるかに穏和で、それどころか高貴でさえあり、より家族関係に似たものとなりつつあった。サルマート諸種族のもとには古来、もっとも厳格な種類の体僕制が存在し、それも東へ行けば行くほど真の奴隷制に近づくのであった。いまなおサルマート農民は領主にたいしてなんらかの権利をもっているとはほとんど言えない。だが両者のあいだにはなにか別のものが、謎のような磁石のような絆、死ぬまでつづく深い驚くべき忠誠、献身と愛が存在する。しかし、およそ魂の高貴な特性を呼び起こし、それをその有機的な一部として取り込むことができるような関係というものは、必然的に、純粋の過酷な暴力とはなにか別な土台（たとえ一部は精神的で隠蔽されたものではあれ）をもたねばならない。ここではこの現象にこれ以上立ち入ることはできないが、ただ、われわれはその真の土台を体僕制の世襲制と安定性、またそれが農耕と結合しており土地に立脚していることのうちにのみ見出しえていることだけを示唆するにとどめねばならない。

ゲルマン人のもとでは、すでにタキトゥスが領主と下僕とのあいだにきわめて温和な関係を見出している。現存するあらゆる従属関係は、時の経過のなかで、民族移動、キリスト教の受容、文化の成長によって著しく促進され、かつはなはだしく修正されて、かの驚くに足る首尾一貫した封建制度へと発展した。そしてこの封建制度はゲルマン諸民族のすべての生活形態のなかに浸透したけれども、その基盤は本質的に土地の所有ならびに用益の関係なのである。ゲルマン的な従属関係は従属民相互のあいだでのみならず、従属民と領主とのあいだにも積極的な法関係を定めてこれを固持するのにたいして、サルマート的諸民族は従属民相互のあいだの法を認めるのみであって、従属民の領主にたいする法を認めない。このことによって、ゲルマン的な従属関係は本質的にサルマート的な従属関係と異なるのである。

ヨーロッパをさらに西へ進むと、とりわけアイルランドやスコットランドのゲール人のもとでは従属関係はおそらくもっとも高貴で立派な性格を帯びるようになる。そこでは従属関係はもはやたんなる法関係ではなく、家族関係なのである。クラン制度においてはもっとも貧しい日雇い取りでもクランとその地主（レアード）の家族員である。土地は家族、クランのものであるが、家族の長たる地主はその土地の世襲権者である。がんらいは彼のみがこれを用益する。だが彼はすべての人びとのために配慮し、生計を見てやり、扶養してやる義務を負っている。だが彼が貧しくひとりぼっちになったときには、逆にこの義務がすべての縁者ならびにクラン仲間にかかってくる。だが三〇ないし四〇親等のこれらすべての縁者たちは、家族財産に関与する権利と関与しているという感情とをもっており、かの貧しい日雇い取りも、自分の番がきて、地主ならびに地主と彼とのあいだに位置する生得権的に見てより上位にいる縁者たちが死に絶えるか没落するならば、満場一致で彼がクランの地主になれるのだということを承知しているのである。

この一般的な考察を念頭に置くならば、われわれは東部ドイツ農民の従属関係のなかにサルマート的要素とゲルマン的要素とが結びついているのを認めねばならない。ラッシーテン関係とドイツの他地方における隷農関係とは次の点で異なる。すなわち、すべての純粋にドイツ的な隷農関係は隷農に、領主に属するかあるいは領主に関係のある土地所有の用益権ならびに独自の家計を営む権利を与えるのにたいして、ラッシーテン関係はそれを与えず、ラッシーテンにたいして領主からの扶養と支援を求める権利をしか認めないのである。これはわれわれがサルマート的土台といわねばならない事柄である。これにたいして奉仕関係そのもの、それの程度と様式はまったくドイツ的な仕方で規制されており、その結果、かの始原的な根本的相異はほとんど覆い隠されているほどである。ただ、東部ドイツでは人的奉仕が農民の本来的な、ほとんど唯一の負担であるのにたいして、ドイツの他の地方では現物貢租がそれであるという点は、一般に今日にもなお認められる事態である。ドイツの他地方では奉仕は副次的な負担である。東部ドイツではラッシートは一週間に三日、四日それどころか五日、六日も奉仕のために連畜によって働くか、あるいは連畜のほかに労働者を一名奉仕せしめねばならないが、ドイツの他地方では週に二日の奉仕が最高であって、ふつうは十四日に一日の奉仕があるかないかである。しかしながら、ここでは奉仕のほかに農民はさまざまな現物貢租とりわけ十分の一税と穀物地代を支払わねばならないが、こうしたものは旧スラヴ地方では一般にまったく存在しないのである。

いわゆる領主裁判所の根本的な相異もまた、従属のこの根本性格の相違に属する。領主裁判所は東部ドイツでは領主の領民にたいする家産権ならびに自己に属する真正の土地所有権から発しており、それゆえにそれを家族—家産裁判権と呼ぶことができると思われるが、ドイツの他地方においてはそれは本来の形態を修正し仕上げるかたちで付け加わったものにすぎず、それの本来の起源は古来の民衆の高権ならびに民衆裁判所に由来するものと思われる。それゆえにまた、われわれに知られているかぎりでは、東部ドイツには旧時代には、ラッシーテンである農民が判決に参加した形跡はまったくないのにたいして、ドイツの他地方ではこのことが一般的であり、体僕でさえもがそうであったのである。

以上に述べたことから、東部ドイツにおいて農村制度のすべての関係において大きな均質性が支配していることが説明できる。ドイツの他地方ではきわめて大きな多様性が、しばしば個々の村落のなかにまで示されているのにたいして、東部ドイツでは均質な、最初の定住によって規定された、民衆の個性によって生み出された、一般的な性格が認められるのみならず、広大な地域（たいていは十三世紀以来発生した領土）の制度が、しばしばきわめて細部にいたるまで、まったくよく似ているのである。しかしながらこの点では、オーデル川、ヴァイクセル川の流域には例外が認められる。この地方には、低地ドイツ人やフラマン人の植民地の定住によって明確に純粋ゲルマン的な関係が形成されたのであった。

この地方の農民は実直で勇敢、賢明であり、とりわけ国土防衛においてきわめて有能な兵士であるのみならず、攻撃を好み征服欲に富んでいる。ポンメルンとマルクの農民は争う余地なく世界でも最良の兵士であって、ロシア歩兵の壁のような耐久力とフランス兵の朗らかな攻撃欲とを一身に兼備している。

すでに述べたホーフ制度の例の境界線の下側、また始原的にはスラヴ的であると思われる村落制度の左側の、テューリンゲンとフランケンにおいて、本質的に自由で独立したゲマインデに立脚する村落制度が始まる。けれどもこの村落制度は現在のドイツにだけではなく、深くフランスのなかにも見出される。どのへんまでか？　これには資料がないために答えないでおこう。これらの村落ならびに総じて土地の定住全体が、村落事情のすべてが、はるかに不規則であることによって、前述の二つと区別される。この地方では村落が平均して大規模である。すなわち小村があるのは山岳地方だけで、肥沃な平野部にはしばしば戸数二〇〇戸以上の村落が存在する。家々は不規則に交錯する込み入った道路に面していて、あたかも小さな田舎町のようである。貴族の館は村内にあることは稀で、たいていはいずれかの側に、しばしば何百歩も離れてかあるいはしばしばまたまったくかけ離れてか、村落マルクの外に位置しているが、こうしたことはスラヴ的地方にはほとんどまったくないことなのである。ホーフ制度やスラヴ的村落制度の地方の近くでは、家々はまだ封鎖的な農園の中にあるが、ドイツに深く入るにつれて家々は道路沿いに位置し、農園と菜園とは家の横ならびに後ろに位置し、まったく不規則な姿を呈するが、一方すでに述べたようにスラヴ的村落制度の地方では、それらはたいていは規則正しい四角形をなしている。きれいで豊かな村々はここではひなびた小都市と同じぐらいに見え、小都市は豊かな村落のように見える。都市と村落とが異なった起源と異なった始原的構造をもっていることを見分けることができないのである。これとは対照的に北ドイツおよび東ドイツではどの都市も後年の構造と、国土の防衛に奉仕するという特別の目的とを明瞭に物語っている。

耕地マルクはスラヴ地方と同じく並行に走る菱形に区切られているが、かの徹底的な規則性には欠けている。だが耕地マルクはスラヴ地方と同じく三圃制経営によって冬畑、夏畑、休閑地の三大部分に分かたれている。こうした耕地片の一群が集まってフーフェという統一体を構成するのだが、その耕地片のそれぞれは集合しているのではなくて、耕圃マルク全体のなかに分散している。だがそれは各圃のなかにほぼ同数ずつである。このフーフェが全農地制度（アッカーフェアファッスング）の土台をなす。フーフェは明らかに始原的にみて家族の資産であり、家族が共同体のなかにもつ株式（ゲマインデアクツィエ）である。それゆえにまたフーフェは耕地の尺度なのではなく、地域ごとに、しばしば村ごとに、その大きさを異にしている。村落マルクの広さ、肥沃度の大小がフーフェの大きさを規定するのであり、その大きさは一二モルゲンと四〇モルゲンのあいだを動揺する。(スラヴ的地方にもフーフェは存在するが、そこではフーフェは明らかに耕地の尺度を意味するのであって、大きなフーフェは三〇モルゲン、小さなフーフェは二〇モルゲンの大きさである。)フーフェ制度の起源を見るに、フーフェそのものはたしかに統一体をなしてはいるものの、けっして村落内の特定の農家に結びついてはいない。農家の所有者は誰でも、また村落コルポラツィオンに属するどの家族でも、フーフェを取得しうるのである。ヴェストファーレン南部やヘッセン等でいまなお維持されているこの始原的フーフェ制は、しかしながら、ドイツの他地方では時代の発展のなかで、二つの本質的な変化をこうむった。ニーダーザクセンや北テューリンゲンではフーフェは村落内の農家に固定し、フーフェと農家とが一体となって耕地財産をかたちづくっている。これにたいしてテューリンゲン南部以南ではフーフェは本来の構成要素を失い、ときには二分の一、四分の一、八分の一フーフェに分裂し、まったく消滅することもあった。こうした二通りの変化は当然ながらゲマインデ制度に大きな影響を及ぼした。第一の変化により、ゲマインデはさらに厳格な、まったく封鎖的なコルポラツィオンになった。第二の変化により、個々人にはより大きな自由が許され、ゲマインデはコルポラティーフな会社(ゾツィエテート)という性格をより色濃く帯びるにいたった。とはいえこうした二通りの変化のなかでも、フーフェ制度の根本要素はなお破壊されることなく存続した。

この根本要素とは、村落―ゲマインデ・コルポラツィオンが村落マルクの真正の所有者であり、コルポラツィオンのメンバーとしての個々人に認められる個人的土地所有はつねに派生的な、利用上の制限のあるものであるということである。だがメンバーたる資格には二つの土台がある。ひとつは出生もしくは村民としての受容によって獲得される人的な土台であり、いまひとつは、ゲマインデ株式の所有という物的な土台である。ゲマインデ株式の所有によって人的な土台は初めて有効となりうるのである。

フーフェが村落の農家に固定し、それゆえゲマインデ制度がもっとも厳格かつ安定的に形成されたところにおいて、前述のことがもっとも明瞭に認められるのである。

ここでは村落の領域はゲマインデ構成員によって利用される全体をなしている。その一部分は全構成員によってコルポラツィオンとして共同用益される（たとえば木材の伐採や放牧など）。他の部分は一定の比率に応じて個々の構成員にたいして一定の、だが制限された用益に供される（耕地利用――採草地利用）。この部分は村落内にある家屋、農場、菜園地とともに、一面では家族の土台、経済的資産をなすと同時に、他面では家族が共同体のなかで占めるべき地位と権利とを規定する共同体株式をなす。すなわち、この株式の大きさによってゲマインデ内部に階級、たいていは二階級（しかしそれらはしばしばその内部でさらに副次的諸階級に分化している）が形成される。すなわちヒューーフナー（フーフェ農民、狭義の農民、マイヤー等）の階級ならびにコッセーテン（ケッター等）の階級がそれである。第一の階級は通常、完全に自立的な、畜耕に立脚する農業経済資産を所有しているが、第二の階級は生計の土台として必要な土地を所有するにすぎない。第一の階級は農産物を自家消費するだけではなく販売もする。第二の階級は主として農産物を自家消費するにとどまるが、それと並んでなお別の生計源をもっている。すなわち農村手工業（鍛冶工、車大工など）ならびに農村商業（家畜商、穀物商）である。彼らはいわば村落の営業を代表する。階級のなかにおいて各人が同じ大きさの土地をもつことは必要ではないが、各人はその階級のなかではゲマインデ財産とゲマインデ権にたいする同じ大きさの持ち分と権利とをもっている。ときにはまた各階級はゲマインデ財産への持ち分のほかになお特別な階級財産をもっている。たとえばヒューーフナーは連畜のための特別の放牧地を、コッセーテンは特別の木材を、もっているという具合である。

ゲマインデ・コルポラツィオンに所属する権利は、出生すなわち特定のゲマインデ構成員の子孫であることによってか、あるいはゲマインデ側からの受容（買い取り）によって獲得しうる。だが物的権利やゲマインデ財産に参加しうるためには、ゲマインデ株式の所有もしくは獲得が必要である。

前述のものほど厳格に封鎖的でないのが、この形態が成立する母体ともいうべき、より始原的な形態、すなわちフーフェはなるほど耕地マルクのなかでまとまった全体をなしているけれども、村落内の特定の農家とは結びついていない場合である。ここではとりわけ階級区分がはるかにルーズである。というのはフーフェ所有の転変が農家所有者の地位を、すなわち彼がヒューフナーに属するかあるいはまたケットナーに属するか、また彼が共同体財産にどれだけの持ち分をもつかを、そのつど新たに規定するからである。

最後に、テューリンゲンにおけるように、フーフェそのものがその始原的な耕地片に解消しているところでは、当然にもあらゆる階級区分が解消している。ここでは事実上の資産、とりわけ経済的土地資産にたいする家畜の比率もしくは越冬基準（これはこの地方から発して決定的な経済的法原則として多くの立法に採用されるにいたった）が、共同体メンバーが共同体財産に占めるべき持ち分を決定する。

しかしながら、第二の種類の村落制度ならびにとりわけ第三の種類の村落制度が一見いかにルーズで解体しているように見えようとも、コルポラツィオンの確固たる基盤がそれらの村落制度に欠如していることはけっしてないのである。すなわち、ゲマインデの構成員のみが（世襲権もしくは村民としての受容によって）共同体マルクのなかに土地財産を獲得し、村落内での家屋所有とそこでの居住によってのみゲマインデ財産への参加権が与えられるのである。このことはフーフェが解体している第三の種類の制度においてまさしくもっとも明瞭に認められる。すなわちここでは、個々の主として耕地マルクの周辺に位置している耕地片が相続もしくは購買によって隣接する村落共同体のメンバーの手中におちいり、そこの経済に縺れ合っているという事態が稀ではない。けれどもそうした地片の所有者はこのことによってこちらの共同体のメンバーになることはけっしてないし、したがってゲマインデ財産（放牧、伐採）に参加することもできない。彼はよそ者（フォレンゼ）と呼ばれる。これはゲマインデ権から排除された一定の権利関係を指し示す表現である。

最初に述べたフーフェ制度のかの厳格な形成は、あらゆる事情のもとで、スラヴ地方における村落制度の最大限の均等を生んだが、［これに比べて西南ドイツでは］すでに述べたように、諸関係がそれほど均一ではない。そしてこれらは明らかに次の事情に由来する。すなわち、当地ではフーフェ制度は原初から徐々に成長し完成されていったのにたいして、スラヴ地方へは、当地からすでに完成されたものとして持ち込まれたのである。

だが両制度の徹底的に本質的な相異は、村落の貴族館(ドメーネン領地、修道院、参事会)にたいする関係のなかにある。すなわち、村落はスラヴ地方ではドミニウムの有機的な一部、貴族館の付属物としてあらわれるが、当地では貴族館と並ぶ自立的な統一体としてあらわれ、貴族館の所有者のうちにレーエン領主、政治的高権をしか認めず、しかもそれも原理的に見てけっして必然的なものではないのである。けだし村落のうちのきわめて多数、たぶん半分以上は特定の領主館に拘束されておらず、またその他の完全に自由な村落も、けっして特定のランデスヘルの下に立ってはおらず、シュヴァーベンの自由ゲマインデや帝国村落のように直接に皇帝と帝国の下に立ったからである。

領主館の数と位置とがすでにまったく異なった関係をもたらす。スラヴ地方ではほとんどすべての村落にひとつの領主館が存在する(少なくともかつては存在した)し、しばしば複数の領主館が存在しさえしたのにたいし、ドイツの他地方では、おそらく三分の二以上の村落にはそうした領主館がなく、それにたいして、諸村落のあいだに多数の領主館や貴族領が散在している。これはスラヴ地方ではきわめてまれな事態である。そうしたものがある場合、それはたいていはようやく近世になって領主直営地(フォアヴェルク)として成立したのである。領主館が村落マルクの内部にある場合も、ほとんどつねに村落の外部にあって、しばしば村落から何百メートルも離れている。またたいていの場合、領地の経営地は領主館のある側にまとまって存在しており、村落民の地所と混在してはいない。スラヴ地方ではドミニウムの耕地マルクの大きさは村落の耕地マルクの大きさをはるかに上回るが、当地では通常前者は後者の半分に満たず、しばしば三分の一以下である。それどころか、以前にはさらに小さかったことが史料的に証明されているのである。

領主館ならびにその所有者の村落にたいする関係は、総じて次のように表現することができるであろう。すなわち、領主はホーフ制度地帯ではゲマインデの世襲の長、同権者中の第一人者(プリームス・インテル・パーレス)であり、ドイツ的な村落制度地帯では世襲の高権であり、スラヴ的な地帯では村落の世襲のヘルシャフトであった、と。

スラヴ地方ではドミニウムと村落とが一体をなしているとすれば、当地ではそれぞれが別個に存立したうえでしばしば縺れ合っているのである。スラヴ地方ではドミニウムの農業は本質的に、村落の存在とその居住者に、あるいは経済賦役に立脚しているのにたいして、当地ではそれは自立的な経営に立脚しており、農場賦役は補助手段とみなされているにすぎない。したがって、スラヴ地方では人的賦役が村落の従属関係全体の中心に位置する主要契機であるが、当地ではそうしたことはまったくない。当地では賦役はたいていは言うに足りず、各人にとってはたいていはわずかな日数に留まる。それゆえしばしば多数の村落がひとつの領地にたいして賦役を行なえば足りる。その代りに当地ではきわめて多様な現物貢租が行なわれているが、かのスラヴ地方ではこれは稀であるにすぎず、たとえば十分の一税は例外的に存在するにとどまる。

村落民が領主館にたいして行なわねばならない賦役に対応するのが、領主館の土地にたいする村落民の権利、伐採—放牧権である。当地ではそれらははっきりと、賦役にたいする対価という性格を帯びているが、これにたいしてスラヴ地方では賦役義務を負った農民がその家計を保ちうるための支援という性格を帯びている。当地では諸村落はその経済的利害においてけっして鋭く分離独立しておらず、かえってさまざまな仕方で相互に結びついている。とりわけ諸権利がきわめて錯綜しているので、それらの意義と起源について一般原則を確定することなどとうていできないのである。

総括的に言って、われわれは大づかみの理解のために、基本的な対立点を次のようにとらえねばならない。すなわち、スラヴ地方においては村落ならびにゲマインデのすべての権利は領主館に発していることを認めねばならないのにたいして、ドイツのその他の地方ではすでに原初から一定のゲマインデ権が館に並んで存在していたこと、だがその後、領主館は時代の発展のなかで次第に農家の財産ならびにそれとともにゲマインデそのものにたいする拡大された権利を獲得したこと、最後に、その次の時代にふたたび農民身分が再建され、主として農家の確固とした相続原則によってゲマインデがふたたび独立するにいたったこと、これである。それゆえ歴史はわれわれに三つの時期を示している。第一は高権的な館と並んで自由で独立のゲマインデが存在した時期、第二は従属的なゲマインデのなかで、館に厳しく従属した農家が存在した時期、第三は農家は従属的だがゲマインデがふたたび自由を取り戻した時期、これである。これにたいしてスラヴ地方では諸関係がいまだ第二期にあたっている。すなわち、ランデスヘルにたいするゲマインデの代表権についてはまったく語りえないのであり、ランデスヘルは中間高権としてのドミニウムのヘルをとおしてのみゲマインデとかかわりをもつにすぎない。これにたいしてドイツのその他の地方ではすでに初期からしばしば、ゲマインデの自立した代表が、古くからランデスヘルのもとに存在した。

ドイツのこの地方における農民の人的関係はスラヴ地方におけるそれとは主として次の点で異なる。すなわち、この地方では個人の自由が支配しており、たしかに若干の地方では農奴制（アイゲンベヘーリヒカイト）が存在するものの、比率から見て人口の十分の一にも満たないように思われる。そのさい、この地方の農奴制はヴェストファーレン北部に見られるように、土地に立脚しておらず、農民ホーフの特性ではなく、出生による純個人的なものなのである。だが土地は徹頭徹尾、主として現物貢納を課されているのであって、賦役はあまり課されておらず、通常農民家族においてしばしばなんの制限もなく世襲されている。

ヨーロッパの他の諸大国との大づかみな比較のあとに、われわれは次のことを認めねばならないであろう。すなわち、多くの欠陥はあるにもせよ、まさしくドイツの全農村事情はもっとも適切に、かつ国民全体の福祉にとってもっとも有利に形成されてきたこと、そしてもし歴史的な土台に立脚しつつ建設をつづけ、いたるところで所与の諸原理と活きた諸要素とを発展させ、発展した状態を強固にし、劣悪なもの、腐敗したもの、時代の発展のなかで内的な実践的倫理的生命を失ってしまったものを徐々に取り除き消滅させようとするならば、いまなお疑いなくもっとも力強い要素、もっとも強力な武器は農民身分の再建のうちにあるのであって、これによって現実的な土台の上に立って生命解体

的な革命理論と戦うことができるということ、これである。だが時は切迫している！　フランスにおいて革命が暴力的に成し遂げたことをドイツでは諸政府が二十四年来開始しており、すでにドイツの農民身分もすべての制度とりわけ農村制度のもっとも高貴な土台を根底から揺さぶられ、そのもっとも真正で活力に満ちた利害を侵害され傷つけられているのである。それもはなはだしい度合においてそうなのであって、もしわれわれが現在、ひとたび設定された立法の軌道をさらに前進することなくそこに留まるだけでも、解体はすでにおのずからさらに進展し、その結果確実に二世代のうちに真の農民身分は絶滅し、農村諸事情はイタリアやフランスにおけると同様の低劣な水準に押し下げられるであろう。

この点に関連してドイツの状態を他の諸国の状態と比較するならば、目下のところあらゆる利点がなおドイツの側にあることがわかる。すなわち、他の諸国と比較してみると、明らかに、ドイツでは何にもまして土地のもっとも目的にかなった配分が行なわれているのである。そしてこのことは争う余地なく、あらゆる農村事情のなかでもっとも根本的で重要なことなのである！　イタリアの多くの地方では中規模の農地が支配的であり、大農場はほとんどなく、小さな生計もわずかしかない。フランスはサヴォア期以後、土地所有についてはもっとも細分化が進んだ国である。すなわちまったく零細な生計が支配的であって、これに比べれば中規模の生計はほとんど消滅したし、大農場も稀である。イギリスにはイタリアと同じく、ほとんど中規模の農場しか存在しない。ドイツにおいてのみ全体として、大土地所有、中土地所有、小土地所有のあいだに適切な数的関係が存在する。そして経験にもとづく原則として言いうることなのだが、土地所有のそうした適切な関係が存在する場合にのみ農業は永続的に、かつ偶然的で人為的な救済策なしで前進することができ、あるいは望ましい水準に維持しうるのである。まず大農場について言えば、大農場だけが農業上の改善と試みとを行なってその効果を待ちとおすことができ、それゆえ理論家や経済学者の学校となることができるだけの物的な財産力を備えている。そのさいその産物の大部分を国内の商業や外国貿易のために供給するのは主として大農場である。中規模の農場は国の安定的原理をかたちづくっている。それは新しい思想に関わりそれを実験するだけの力をもたず、また農場主にもそれだけの知性はないけれども、所与の、歴史的に存在する経営システムを、細部に立ち入って最良の仕方で作り上げる。中規模の農場はこの多様な諸システムをなしつつ最良の農耕を確かな水準においてしっかりと保持する。その産物を主として国内市場に供給するのもまた中位の農場である。小さな生計は主として、日雇い取りや補助労働者にしっかりとした地位とできるだけ独立した生存を保証するために存在する。すなわち、大農場ならびに中農場の農業は外来の補助労働なしには順調に存立しえない。労働が特定の時期たとえば収穫期に著しく集中するので、一年の他の時期には足りているゲジンデだけでは不足してしまうのである。ゲジンデの数を増やそうとすれば、経営費が不均衡にかさばるであろう。けだし年の他の時期には彼らのための十分な労働がないであろうからである。それゆえ小生計が存在しないところでは、次第に工場労働者に似た、故郷をもたない日雇い取りの階級が形成される。彼らは工場労働者と同様、日給という誘因によってきわめて速やかに増大し、もしその数が需要を上回って増える場合には、もっとも厳格な農奴制でさえもそれに比べれば黄金の状態であるような、かの従属と、したがってまた底なしの悲惨とに沈んでしまうのである。すなわち、どんなに苛酷な農奴制にあっても農奴の年齢ならびに困窮度に応じた援助と扶養がつねに領主の義務であるのにたいして、日雇い取りの階級にあってはそのつど日給を支払ったあとにはすべての人的関係がそのつど解消し、労働者には病気や老齢のさいに死ぬほどの空腹を味わう自由が残されるのである。ドイツにおいてのみなお農村のいたるところに十分の数の、屋敷と菜園地ならびにたいていはいくばくかの耕地を備えた小生計が存在するのであって、これによってこの社会階級の生活が確保されるにとどまらず、さらに望ましい生活上の展望の余地さえもが残されるのである。彼は自分のかまどをもち、自分の土地の上でたいていは自分と家族とが飢えないですむだけの収穫を獲得する。だがまた彼は独立の権利をもってゲマインデの団体に属し、その保証のもとにある。彼はゲマインデの権利、義務、会合に参加するのである。

こうしたすべての事情のおかげで、彼は生活の平穏と安定とを確保し、低劣で奴隷的なすべての心性を免れる。まず、本来の農民である中規模の農場の所有者にたいしては、彼はたんにゲマインデの仲間であり同位の者を認めるにすぎない。彼らはたしかに運が良くて、より大きな所有地をもってはいるが、身分上はけっして自分たちとは異ならない、と考える。だがまた大農場所有者にたいしても、彼は労働—就業関係に立ってはいても、けっして彼らの恣意や気まぐれに左右されることはない。相互に関連する、双方にとって有益かつ必要な経済関係が、中規模の所有者と彼とを結びつけている。彼はたいていの場合、独立の農業経営を維持しうるだけの耕地を所有していないから、隣人と経営システムを共同にする。彼は農耕労働を引き受け、それにたいして収穫の一部分を受け取る。また農繁期には補助労働を行なうが、これは双方にとって大変な利益となる。こうしてゲマインデのなかですべての経営が相互に関連しあう。それらは相互に維持しあう。そしてコルポラティーフなゲマインデの絆が、種々の家族経営の個別的に形成される利害を通じて強化され、よりいっそう堅固となるのである。物価が騰貴する時期には中規模の経営は力と財力を身に着ける。安価の時期には、その労働が日給の安定のもとにおいて価値上昇する下層民が豊かになる。そしてすべての経営が相互に縺れ合っているから、それらは相互に依存しあい、時折にのみその地位を変えるにとどまる。すなわちときとして、豊かになった日雇い取りが負債を負った農場を引き受け、本来の農民が日雇い取りになるのである。

ドイツに実在するような土地配分を国土にとってもっとも有利なものとするならば、われわれはまた、他の国に存在する欠陥のある土地配分の不利を証明するために、他の諸国を一瞥しなければならない。大農場が稀にしか存在しないイタリアでは、農業のための学校が存在せず、実験や経験が存在しない。大規模な農業部門である畜産、牧羊、火酒蒸留業、醸造業のために必要な広大なグーツ経営という土台が欠如しているのである。イタリアでは豊かな人びとは一群の中規模の農場を所有しているが、それらの経営は経営者が共働する場合にのみ有利なのであり、それゆえ土地所有者にはたんなる地代が確保されうるにすぎない。それゆえに、農耕のあらゆる進歩を不可能にするかの折半小作制が普及したのである。現在ではこの折半小作制は廃止すべくもないが、それは国民の慣習と需要とがひとたびそれの上に形成され刻印されたからであり、また農業を営業として営むかの社会階級たる小作人には購入農具や経営資本を備えた貨幣小作経営を設立するための資本や財産がまったく欠けているからである。大群の下層民と日雇い取りがイタリアの農村で悲惨のどん底に生活しているが、それは大農場とそれのもたらす貢献が欠如しているからである。

イギリスでは土地配分はイタリアとほぼ同様である。イギリスにおいても中規模の農場はその経営者の所有物ではない。しかしながらその小作人は貨幣小作に立脚しており、したがって経営の面では誰にも気兼ねしない。それゆえ時代の潮流は彼らに味方した。それゆえ彼らは耕作とその改善において前進することができる。国民の風習と生活様式はこの進歩を著しく促進した。たとえば次のことだけでも考えてみよ。イギリスではすべての食料の半分が動物性の食品から成り立っているのに、フランスではそれは四分の一に満たず、それゆえイギリスではそれだけ家畜がより多く充用され、またそのことによって土地にたいして著しく増大した肥料が施されうるという、この事情だけでも、いかに巨大な影響を農業にたいして及ぼしているかということを。この中規模の農場に立脚して発展しうるインダストリのおかげで多数の日雇い取りの家族はまた当然、いくらか豊かに生活していけるだけの稼ぎを得ている。しかしながら彼らの全体としての生活事情はドイツの下層民（ケッター、ブリンクジッツアー等）のそれに比べてはるかに劣っているのである。彼らは相互にも、また一般に別個の階級に属し、別個の教育を受け、別個の社会的位置に立っている中規模の農場の経営者にたいしても、共同体的結合関係に立ってはいない。彼らの中規模農場経営者にたいする依存度ははるかに高く、好況のさいにはよりゲジンデ事情に近く、不況のさいにはより工場労働者に近くなる。イギリスにおける農業の繁栄の原因についてはわれわれはすでに幾多の証拠を提示した。けれども、さらに付言するが、全体的に見て、それはイギリスのような島国でのみ実施しうるような穀物法その他の保護立法によってのみ維持しうる一種の人為的状態であって、それによってあれほど巨大な経営資本が農業に振り向けられているのである。イギリスにおいては少数の土地所有者ならびに借地人の、途方もなく肥大化した無産者層にたいする大きなアンバランスがきわめて鋭く表われていること、イギリスで革命が起これば必ずすべての農村事情が転覆し、それとともに農業の繁栄も無に帰するにちがいないこと、を一般に忘れてはなるまい。農耕は現在のイギリスでは国民もしくはその主要な諸身分の生活基盤となっておらず、特別に保護されそれゆえに羨望の的になっているコルポラツィオンの営業となっている。そして現在イギリスを脅かしている恐ろしい運命の萌芽はここにあるのである。

フランスには大農場ならびに中規模の農場はわずかしかない。前者においては立派な耕作が支配的に行なわれている。後者のうちの約半数すなわち実際の土地所有者の経営する農場においても同様である。だが残りの半数すなわち折半小作人によって経営されている農場はイタリアと同様きわめて惨めである。だがフランスの農村人口の大部分はまったく零細な土地所有者から成り立っている。その三五〇万家族は六ないし二一フランの土地税を支払うにすぎないが、これは五モルゲン以下の土地をあらわす。

ドイツは人口規模と土地事情の点ではフランスとほぼ同様だけれども、そうした小さな経営はフランスの四分の一以下しか存在しない！　そしてこの土地配分上の大きな相違の帰結は何であろうか？フランスの小土地所有者が自分ならびに家族の人力によって耕作しているすべての土地、つまり菜園的な耕作は良好に経営されているが、畜力に立脚するその他の土地もしくは農耕はきわめて劣悪である。ドイツでは、そうした土地は近隣の大農によって耕作されているが、この大農は収穫の一部が自分のものになるために耕作の改善に利益を有するとともにそうした農地を良い状態に維持するだけの力をもっているので、そうした土地は良好に耕作されている。だがフランスには小土地所有者が連係しうるような大農が存在しない。したがってフランスでは何人かの小土地所有者が、一群の馬または牛を畜耕用に共同で維持するために集合しなければならない。そしてこのような経営方式がいかに弱体かつ活力に欠けたものたらざるをえないかは容易に見て取れるところである。したがってすでにドイツにおける下層民の経済状態がフランスのそれよりも恵まれたものであるとすれば、彼らのその他の点における生活上の地位はさらにはるかに有利なものなのである。フランスの小土地所有者はドイツの場合のように、共同の権利、所有ならびに物的利害を通じて構成員にコルポラツィオンとしての支援と力とを与える共同体的結合関係に立ってはいない。むしろ彼は完全に孤立しており、隣人とは財産を共有するのではなく困窮を共有しているにすぎない！　さらに彼はドイツの小土地所有者と異なり、土地所有以外にはなんの収入源ももたない。彼は日賃金その他の収入をまったくもたない。けだし、全員が等しく貧しいところでは、だれもが他人に収入源を提供するだけの力をもたないからである！　ドイツでは今日なお下層民にたいしてフランスではもはや消滅したような一連の、部分的には圧迫的な、貢租、十分の一税、賦役が賦課されているにかかわらず、そのドイツと対照的にフランスの農村で言語に絶する貧困が支配しているという、旧来なお解明されていない現象も、やはりこうしたことに由来するのである。

われわれは帝国が解体してライン連邦が成立する一八〇六年以前のドイツの状態を考察の土台に据えてきた。そのとき以来ほとんどすべての政府は多かれ少なかれ、立法措置を通じて、またしばしばたんに行政措置を通じて、農村事情に介入しようと努力してきた。そしてたいていは民衆に福祉をもたらしたいという熱望にかられつつ、いわゆる時代の要求に沿いながら、個々の私法諸関係を恣意的に変更し、作り変え、廃止したにとどまらず、あまつさえ制度の性格についての独自の認識をもたないまま、これを事実上解体させようと務め、あるいは少なくともこれを無視することによって、それに必要な保護を与えることを拒んだのである。

これらの諸立法が念頭においた農村制度の諸関係ならびに諸対象は主として以下のものであった。

(一) グーツヘル関係ならびにゲリヒツヘル関係

あらゆる立法はこうした関係とりわけグーツヘル関係の解体が望ましく、得策であり、それどころか必要であると宣言しており、したがって総じて、旧来からの制度に即した解体禁止政策を一擲して、償却ならびに補償に関する一定の原則を確定するにいたった。ある個人なりある身分なりが旧来もっていた権利を、全体もしくは他の身分の福祉のためにと称して、その個人なり身分なりの承諾なしに剝奪したり変更したりすることができるという法原則のもつ政治的危険をしっかりと見据えようとする場合、理性的でとらわれない人ならだれでも、事態が両当事者つまりグーツヘルならびに農民の双方にとって有益でなければならず、そのかぎりにおいて物的な貢租―賦役関係のみが償却されたのだということを認めねばならない。それどころか、国家がひとたび両当事者の後見者たる地位を簒奪し、独断的に介入する権利をもつと勝手に自認したのであるから、国家が償却をただちにそしてできるだけ短期間のうちに、認可とともに同時にそれを実行するための手段をもできるだけ容易化し与えることによって、強制することが望ましかったであろう。

ゲリヒツヘル関係についてみると、立法自体が曖昧となった時代の発展のなかで、この関係は次第にその根本原則からかけ離れ、別なかたちをとるにいたった。すなわち高権的関係は、ゲリヒツヘルの監督ならびにそれとは分離した判決という二つの部分に分裂した。以前は民衆である農民自身が後者を、ゲリヒツヘルが自ら裁判長となりまた執行権を行使するなかにおいてであれ、行使していた。だが次第に右の両者が分離し、判決はゲリヒツヘルによって裁判官に任命された法律家の手中に移行した。そしてそのことによって裁判は民衆裁判という古ゲルマン的性格を失い、その代りにまったく近代的な、ローマ的形式に従ってかたちづくられた裁判が成立した。若干の立法、とりわけドイツに樹立されたフランス帝国たるヴェストファーレン、ベルクならびにハンザ諸都市の立法はいまだグーツヘル関係の償却が終わらないうちに、領主裁判権をあっさりと廃棄してしまった。その他の諸政府は領主裁判権をグーツヘルシャフトからまったく切り離された関係として存続せしめた。さらにまた別のいくつかの政府は、あるゲルマン的な見地に従っているかに見える。すなわち、領主裁判権をグーツヘルシャフトの結果とみなす見地であって、グーツヘルシャフトの償却が終わるや否やおのずと消滅するものと考えるのである。全体的に見て領主裁判所は厳格な監督下に置かれているところではつねに農村のすべてのコレギアールな裁判所よりも優れているが、しかしその監督を上から下へではなく下から上へと行ない、したがってそれをふたたび民衆裁判所へと再形成するならば、そしてとりわけ判決の一部分を農民自身にゆだねるならば、素晴らしい制度になりうるものと思われる。農民家計の内部事情については、農民は今日なおそれに関する地域法と国法がどうしたものであるかをきわめてよく知っており、したがって彼にたいしてはそれを言い表わす機会を与えさえすればよいのである。

(二) すべての地役権ならびに現物的権利の償却ならびにいわゆる共有地の分割

ここでは二つの見地を念頭におくべきである。すなわち、ひとつは有益性が個々の場合についてもっとも明瞭に証明されうるような実務的な観点であり、いまひとつはこの乗り物全体を乗っ取り、そのことによって自己の一般的理論原則を実現しようとする革命的自由主義である。

これらの諸関係のいくつかは旧来の経済体制のおかげで成立したのであり、当時においては有益かつ必要であった。時代の経過のなかでこの経済体制は次第にまったく変貌をとげ、別のものになった。いまや当然ながら旧来の静態的な諸関係の多くが適合しなくなった。それらは明らかにたんに不要となり有益でなくなっただけではなく、有害にさえなったのである。たとえば以前の厳格な三圃制農業においては休閑地には耕作と播種ができなかったが、それは牧畜の一部分がそれに立脚していたからである。ところがいまやジャガイモが導入され栽培されるようになっただけで、旧来の三圃制が完全に変貌しなければならなかった。それゆえ、休閑地の一部分を農業経営のなかに繰り込むことがたんに有益であるだけではなく必要にさえなった。そうした事実はたんに否定すべからざるものであるのみならず、必然的に必要事となりついには権利に転化するにちがいない！　それゆえ事態はしばしばおのずから整えられたのであって、農業当事者たちは集会をもち、休閑地の一部で放牧をやめ、ジャガイモ栽培のためにこれを生垣で囲むにいたった。農業当事者が同時に唯一の牧畜当事者でもあった場合には、事態は簡単であった。だが誰か別の者たとえば隣接する村落あるいは領地がそこに同様の権利をもっていた場合には、困難が生じた。この場合には立法者たる国家の介入と助力が有益であり、さらに必要であるように思われる。というのは、ジャガイモ栽培なしには、農村住民の生活状態と要求とがひとたび現況のように形成された以上は、農村住民は総じて存立しえないからである。

村落と領地のあいだでの、さまざまな共有地のあいだでの、多くの孤立し完結したホーフのあいだでの、放牧権関係の分離と分割は、一般に有益であるように思われるが、必ずしもつねに必要であるとは言えない。高権が当事者の同意なしに立法を通じて解体的に介入する権利をどの程度もつべきかについては、ここでもまた多くが論じられた。そのさい、必要性と有益性とのあいだに線を引くことは、しばしば困難である。だが一般的に言って、農耕全般ならびに各個人の農業にとっての一般に承認された事態の有益性のほかに、現在の観点のもとでは、立法者の介入のこうした方向からなにか国制にとって本質的な危険が生じることを恐れる必要はない。

だがゲマインデ団体（コルポラツィオン）に所属する団体構成部分の分割については事情がまったく異なる！　ここでは制度の原則が侵害されているのであり、その本質が破壊されているのである。そして近代の共有地分割令の本来的な革命性はここに潜んでいるのである！　もし政府にたいしてそのつど、一国の団体財産を恣意的に処分し、団体分割権を法原則にまで高める権限と権利を認めようとするならば、あらゆる政府権力の根拠を完全に見失うこととなる。ホーフ制地方のマルクゲノッセンシャフトにおいては、マルクが団体財産であるのかそれとも組合員としての当事者に属するのかが不明瞭である。だがドイツ的村落制度が始まるところでは、ゲマインデの土地とゲマインデ権は団体財産であって、物的な仕方で個々のゲマインデ員全員の財産になっているのではなく、単位である団体の財産になっているのである。個々人に所属したのはたんに割り当てられた用益権だけであった。だが団体は国土と民衆に所属している。それは制度の一部分であり、それももっとも本質的な一部分である！　それゆえ政府は個々の受益者のために、政府が作ったのではなく、その恣意のもとに置かれたのでもなく、たんにその保護下に置かれたにすぎない制度をぶち壊しているのである。

（三）農民身分の家族法とりわけ特別の相続法の廃棄

首尾一貫したジャコバン主義はまったく正当にも、特別の家族法を廃棄することによって農民身分を身分として絶滅させられること、そしてそのさい、共有地分割が農民の団体的（コルポラティーフ）結合の最後の残り部分を廃棄するならば、ゲルマン的王国の最後の最強の礎柱が倒壊するということ、を認識していた。しかしながらこの意図はあからさまに主張されてはならなかった。経済学においては、個別的にはそして特殊な一定の事情のもとでは正しいが一般的にはまったく誤った次のような教義が信仰箇条として形成された。すなわち、農業は完全に自由で無制限な営業になるときにのみつねにもっとも繁栄する、という教義である。だがこのことを可能にするためには、すべての土地がまずもってすべての土地権や地役権から、次いではあらゆるレーンヘル的なもしくは上級ヘル的な絆から、解放されていなければならない。次いですべての土地は動員されねばならないが、そのためには、そうした動員を制限したりあるいは無力にするすべての家族法がなくならねばならない。もしそうなれば、土地はできるかぎり分割されるであろう。徐々にすべての「公民」が零細地片を獲得し、もっとも有能な知性の手中にのみ、そのつど、生涯にわたりあるいは短期間、大量の土地が集積するであろう。けだし、彼が土地をもっとも高度に利用することができ、それゆえにまたもっとも高い価格を支払うことができるからである。それゆえここでもまた才能と勤勉とに恵まれた貴族のみが幅を利かせることとなろう。そして彼は正当にも最良の農地を手に入れるにちがいない。そうなれば国家の状態はエルドラードとなり、このうえなく素晴らしいものとなろう。これが経済学の主張である。

われわれはここではこの教義を学問的に反論すること（それはけっしてむずかしいことではないのだが）はできない。われわれはここではただ、先述のイタリア、フランスならびにイギリスの状態に注意を促したいと思う。そこでは経験を通じてかの経済学的英知がこのうえなく素晴らしく反論されているからである。☆4 ドイツでは農民身分の家族法は立法によるよりも国家官僚の行政によって損なわれている。ナポレオン法典が支配しているか支配したことのあるところでのみ、立法による侵害が起こったのであるが、これにたいして、いたるところで行政官庁は無知のうちに力の限りを尽くしたのであって、こうして彼らは徐々に特殊事情を反映した農民家族法を抹殺しようと試みているのである。生来の怠惰と無知がここでは悪しき意志をおおいに助けている。個々の村落の個別的な生活――法事情を内在的に研究するよりも、一般的な法的教義もしくは法典によってこうした諸事情を取り扱うほうがはるかに気楽なのである。

事態はいまだそれほど進展しておらず、農民身分とその諸関係のなかには無限の強靭性と抵抗力が残されている。とはいえ水滴はたえずしたたりつづけ、いまでは岩壁がすでに空洞化し始めている！軽薄で無責任な教養ならびに文化の押しつけによって、農民身分の、正確さを旨とする知識や認識よりもむしろ信仰や奉仕に立脚する、尊敬すべき生活観や権利観が曇らされ変質させられており、またこの押しつけによって農民身分はその風俗や習慣を忘れ、失い、その父祖伝来の権利を打ち捨てている。こうした押しつけが作用する半面では、立法や行政によって徐々に、元来は確固としていた土地という生活の基盤が奪われている。かくてゲルマン的生活のこの広範な下層のなかにおいても、解体が完了し最悪の奴隷制の端緒期が始まるときを予想しうるようになったのである。革命の原理は必然的にそこへと導くに相違ない。

しかしながら、いまだ救済は可能である！　それどころか、すべての諸関係の震撼は、すべての死んだもの、時代の流れのなかで腐敗し不要となったすべてのもの、また多くの阻害的で発展に逆らう桎梏を解体させ除去するという有益な作用さえもちえたのである。そしてもしいまドイツ農民身分の制度の土台にある活きた諸原理に立ち返るならば、そして太古より維持されてきたすべてのもの（それらは現在、多面的な攻撃にさらされているが、明らかに、その存続のための内的価値ならびに内的

☆4　だがわれわれはドイツにおいても、この経験則の真理を裏づける十分な証拠を示しうるように思う。たとえば、これは証明しうることだが、「プロイセンという」唯一の邦だけで、一八一七年から一八二七年にかけて行なわれ政府によって支援された八〇〇件もの農民地分割（ディスメムブラツィオン）はけっして土地所有のよりいっそうの分割という結果をではなく、逆にそれの巨大な集積という結果をもたらしたのであった。すなわち新しい経営はほとんどまったく形成されず、多くの分割地が衰退したのであり、分割地のほとんどすべてが、すでに存在している大農業経営の手中に落ちたのである。

力また必然性という予感を維持するであろう！）ならびに活きた萌芽のなかから形成されてきた新しいものを考慮し利用するならば、おそらくわれわれの時代は、積極的な真理と高貴さがそれを通じてようやく実現され、またゲルマンの民族諸制度に発する真の自由――それは中世の諸機構のなかで夢のように無意識裡にかつ本能的に存続していたが――が、徐々に意識的な生活に成長し開花するような時代へ向けての世界史の過渡期として特徴づけられるようになるであろう。

結　論

われわれはこれまで、ドイツの農民身分の性格づけと主要諸制度の概説とを試み、そのことによってすでにある程度まで、農民身分を再編成するために諸政府がとらねばならない方途を示唆してきた。いまや結論としてわれわれはさらに、この観点から見た有機的立法のための基本を手短かに叙述しておきたい。

全ドイツに妥当する最高の一般原則としては、次のことが挙げられよう。

（一）農民身分は国制の有機的一身分として認められねばならない。

（二）身分としての農民に確かな土台を与えるために、現在その手中にあるすべての土地所有がこの身分に確保されるという根本原則を樹立しなければならない。貴族も市民も農民の土地を入手することができない。ある人が他の身分から転じて本当に農民になろうとし、農民の共同体制度に従う意思をもつ場合にのみ、彼は農民的土地所有を入手することができる。

（三）いまなお存続しているゲマインデ団体（コルポラツィオン）は政治的機構として承認されるべきである。そしてそれが破壊されているところでは、農民身分はふたたびゲマインデに結合されねばならない。すべての現存する団体財産はゲマインデのために維持されるべきである。ゲマインデ員でない者はゲマインデ内に土地財産を所有することができない。

（四）これらの団体には国家身分制度のなかにおける代表権が与えられるべきである。

（五）これらの団体の制度は一般的立法によって上から下へと形成されるべきではなく、地域法（スタトゥーテ）によって下から上へと形成されるべきである。いたるところにおいて、この地域法をつうじて、既存の状態が土台として確定され、十分に規範化されねばならない。これからの逸脱はゲマインデの決議によって立法化されるべきであって、立法者によって立法化されるべきではない。

（六）この地域法の制度―法関係は三通りの土台をもたねばならない。すなわち、一般的な、ドイツの土地制度のかの三つの主要な相異形態たるホーフ制度ならびに二つの村落制度に従った、地域法／特殊的な、種々の地帯や地方の所与の自然的―地方的事情に従った、地域法／最後に、まったく個別的な、個々のゲマインデの特殊な状態、特別の生活事情に由来する、地域法、がそれである。

（七）既存の諸立法のさまざまな方向は首尾一貫性をもって追求されなければならないであろう。すなわちグーツヘル的賦役ならびに貢租および十分の一税の償却、ならびにゲマインデ相互間およびゲマインデと旧領主地とのあいだでの諸権利ならびに共同財産の規制と分割とがそれである。

（八）この償却ならびに分離の進展ならびに完了は自立のいっそうの完成と共同体制度をも規定しな

ければならない。ホーフ制度の地方では現在すでにある程度まで各ホーフが封鎖的な政治的一体をなしている。この地方ではゲマインデは一般的に団体財産に立脚していない。それゆえゲマインデは主として政治機構ならびに裁判機構の上に基礎づけられるべきである。ドイツ的村落制度の地方ではすでに現在、団体財産が自由なゲマインデの土台をなしている。スラヴ的村落制度の地方では、村落がグーツヘルシャフトから解放されたときに初めてこの時点が訪れるであろう。

（九）地域法の内的支柱はゲマインデの範囲内に限定された裁判制度でなければならない。現在の領主裁判所は土台を提供するが、それらはつねに一ゲマインデの範囲に限定されていなければならない。領主裁判所の存在しないところでは、独自の新たなゲマインデ裁判所が制定されねばならない。裁判官には本来の法律家が任命されるべきであって、彼らは主として形式を保ち、裁判上の討議を指導する。だが判決には農民自身が一定の割合で参加しなければならず、その割合は地方ごとに、また農民身分の形成度の相違によって、きわめてさまざまでありうるが、しかしそのさい、次の原則が一般に適応しうる。すなわち、農民が現在、事情通として裁判にさいして発言権をもっているような諸問題については、まさしく農民に判決がゆだねられるという原則であり、したがってそれは村法ならびに家族法のたいていの諸問題にひろがるであろう。

（十）さらに地域法は、ゲマインデのなかで生活する農民身分の家族法の一般原則と諸規定とを含まねばならない。そのさい、一八〇六年以前に存在した法がいたるところ土台として維持されるべきである。そして諸規定はゲマインデの決議を通じてのみ変更されるべきである。

（十一）ゲマインデ制度のなかに、共同保証に立脚する信用制度が導入され発展せしめられるべきであろう。トリアーの参審裁判所（シェッフェン・ゲリヒテ）の機構はもっとも適当なものであり、地方ならびに地域に即した修正を加えて全ドイツに普及するべきであると思われる。それゆえ、たとえばゲマインデによって選出された何人かの農民にたいして、いわゆる自由意志により裁判権、後見、係争物保管人行政（ゼクヴェスター・アドミニストラツィオン）等々の全体の指導がゆだねられるべきであろう。そして裁判官もしくは判事はもっぱら形式を維持し、法解釈を行ない、監督するにとどまるべきであろう。

II　独露比較農民史

一、アウグスト・フォン・ハックストハウゼンの独露村落共同体比較論

一　農政論者としてのハックストハウゼン

アウグスト・フォン・ハックストハウゼンは一七九二年二月三日にヴェストファーレンのベーケンドルフに生まれ、一八六六年十二月三十一日にハンノーヴァーで死去した。[☆1]

彼の関心は多岐にわたっていた。グリム兄弟の友人であった兄ヴェルナー・フォン・ハックストハウゼンとともに、彼はグリム兄弟の民話収集に協力し、また自らパーダーボルン地方に行なわれていた聖俗の民謡を収集した。[☆2] 彼はまたロマン派の雑誌『占い棒』(Wünschelruthe)を編集し、この雑誌に創作「あるアルジェリア奴隷の物語」(Die Geschichte eines Algierer Sklaven)を発表した。姪に当たる詩人

☆1　Peter Heßelmann, *August Freiherr von Haxthausen (1792-1866). Sammler von Märchem, Sagen und Volksliedern Agrarhistoriker und Rußlandreisender aus Westfalen*, Münster 1992, S. 13 und 143. 拙稿「農政史家としてのハクストハウゼン」(拙著『比較史のなかのドイツ農村社会――『ドイツとロシア』再考――』未來社、二〇〇八年、IIの1、一三二頁。)

アネッテ・フォン・ドロステ゠ヒュルスホッフがこれに霊感を得て、自己の作品「ユダヤ人のぶなの木」（Judenbuche）を書いたことは知られている。[☆3] 一八二〇年には、友人のパウル・ヴィーガントとともに「ヴェストファーレン歴史学協会設立計画書」（Plan der Gesellschaft für Geschichte und Altertumskunde Westfalens）を起草した。晩年にはローマ・カトリック教会とギリシャ゠ロシア正教会との再統合運動に興味を示した。[☆4]

だが彼がこのような多面的な関心の中心に位置していたのは、農業制度の比較史的研究の先駆者としてのそれである。[☆5] 彼の主要著作は農政史に関わるものであり、初期のプロイセン農政史研究と後期のロシア農村社会論とを通じて、われわれはドイツとロシアとの、さらにはヨーロッパと非ヨーロッパとの雄大な比較の世界へと導かれる。以下ではこうした比較農村社会論者としてのハックストハウゼンに限定して、その足跡を追ってみたい。

ハックストハウゼンはゲッティンゲン大学で法学を学んだのち、一八一九年から一八二五年まで、所領経営を引き受けた。そして経営者としての活動を通じて次第に、郷土の農民の日常生活に関心を抱くにいたり、さらには彼らの法や習慣や経済事情に通暁するようになった。一八二九年には処女作『パーダーボルン゠コルヴァイの農業制度』（Ueber die Agrarverfassung in den Füstenthümern Paderborn und Corvey und deren Conflicte in der gegenwärtigen Zeit nebst Vorschlagen, die den Grund und Boden belastenden Rechte und Verbindlichkeiten daselbst aufzulösen, Berlin）を刊行する。[☆6] 本書は彼の郷土パーダーボルン゠コルヴァイ地方の農業制度の歴史と現状の詳細な叙述であるが、注目すべきはその農政上の主張である。すなわち彼は本書において、「フーフェ［フーベ］制度は太古的である」とする観点を打ち出し、フランス革命の結果として農業制度を解体させ始めた近代的な傾向を拒否したのである。彼は農民身分の解放は世界史の流れに沿うものであるが、フランスのような革命方式には反対するという。とりわけ回避するべきは土地の商品化であり、それはフランスですでに始まっているように、たんにユダヤ人と富裕化した投機屋とを土地所有者へと高め、農民を全体として惨めな日雇い人に陥らせるだけに終わる。彼はいう。「土地の本性は持続と安定とにあり、貨幣の本性である交替と転変というものと永遠の対極に立つものである。そしてこの極の固持と相互規定と力の均衡とのなかにまさしく世界の平穏が存在する。だが、農民身分が他の諸身分に比肩する教養を身につけるときには、あらゆる従属関係は熟れた果実のようにおのずから適時に崩れるであろう。——従属関係は解消されなければならないが、土

☆2 *Geistliche Volkslieder mit ihren ursprünglichen Weisen gesammelt aus mündlicher Tradition und seltenen alten Gesangbüchern*, Paderborn 1850.; Alexander Reifferscheid (Hrsg.), *Westfälische Volkslieder in Wort und Weise mit Klavierbegleitung und liedervergleichenden Anmerkungen*, Heilbronn 1879. ルース・ミハエリス・ジェイナ『グリム兄弟とロマン派の人びと』川端豊彦訳、国書刊行会、一九八五年、七四—八〇ページ。ガブリエーレ・ザイツ『グリム兄弟——生涯・作品・時代——』高木昌史・高木万里子訳、青土社、一九九九年、一五〇—一五六頁。

☆3 『ユダヤ人のぶなの木』番匠谷英一訳、岩波文庫、一九五三年。

☆4 Perer Heßelmann, a. a. O., Kap. III.

☆5 拙稿「ハクストハウゼン研究序説——文献と史料——」、川本和良・高橋哲雄他編著『比較社会史の諸問題』未來社、一九八四年、二八六頁。

☆6 Vgl. Reprint der Ausgabe Berlin 1829, hrsg. von Günter Tiggesbäumker mit einem Nachwort von Bertram Haller, Böckendorf 1992.

地とその直接的耕作者との確固たる自然必然の絆はけっしてなくなってはならないのだ。」「農業は各国の土台である。いなその本来の端緒である。それは営業――浮き沈みし、時と場合によってはなしですませられる――ではけっしてない。」そして彼の農政上の諸提案は、フーフェ制度（＝国家株式Staatsactieとしての農民地）を基礎とする古ヴェストファーレンの諸制度の存続を企図したものであった。[☆7]のちにリストはハックストハウゼンにおける「すべての歴史的なものにたいするやや過度の偏愛」を指摘したが、[☆8]本書は保守主義陣営から高い評価を得た。兄ヴェルナーならびに友人パウル・ヴィーガントは彼を「ユストゥス・メーザーの再来」とみた。[☆9]

すでに一七七四年にドイツ歴史主義の始祖メーザーは小論説集『郷土愛の夢』に収められた論説「農民農場を株式として考察する」のなかで、啓蒙主義の人間一般に妥当する普遍的な社会的権利義務の思想（＝人権思想）を退け、「理想社会［＝市民社会］を一定の株式制度の上に打ち立て、その制度を詳細に規定することから構成員すべての権利義務を」導き出した。それによれば「土地という株式」（＝マンズス、フーフェ、ヴェーアグート）をもつ者のみが市民権を獲得し、それをもたない者は下僕となる。「土地所有者は結合して会社を形成する。」この思想はさらに一七八〇年の『オスナブリュック史』第二部序言で繰り返されている。「一国の歴史は人類の歴史ではなく、商事会社の歴史であらねばならないというのが、私の変わることなく確信する真理である。」第一に、一国の歴史は土地所有者の結合体としての会社の発生史であり、この結合体は、あたかも数学者が曲線を測定するために理念的な直線を仮定するように、ひとつの理念的な線（eine ideale Linie）として構想されている。第二にそれは「実用的な歴史」として構想されており、市民すなわち株主としての農民はまた「歴史を利用するべきであり、政治制度が彼にとって正しいものかそれとも不正なものか、またそれはどの点においてであるかを、歴史を通じて見抜くことができねばならない。[☆10]

若きハックストハウゼンはこのようなメーザーの農民観から大きな影響を受けたと思われる。農民地株式論をのみならず、農民身分にたいして「他の身分に比肩する教養」を要求するハックストハウゼンは、啓蒙主義の要素をもメーザーと共有するといって良い。ところで、その成果である前掲書の保守主義内部における評価は以下の通りである。まず、カール・アルバート・フォン・カムプツは書評を書いて、本書を「制度史の模範」として高く評価した。[☆11] シュタイン（Heinrich Friedrich Karl Freiherr vom Stein）やフィンケ（Friedrich Ludwig Freiherr von Fincke）も本書を高く評価した。他方ヤーコプ・グリムやヨーゼフ・フォン・ラスベルクは彼の提案の政治的帰結に批判的であったといわれる。[☆12] 最後に本

☆7 A. a. O. S. 150, 169-170, 187, 235, 248.

☆8 フリードリッヒ・リスト『農地制度論』小林昇訳、岩波文庫、一九七三年、七六頁。

☆9 Memoiren, im Nachlaß August von Haxthausen in der Universitätsbibliothek Münster.

☆10 ユストゥス・メーザー『郷土愛の夢』肥前榮一・山崎彰・原田哲史・柴田英樹訳、京都大学学術出版会、二〇〇九年、作品一五、一六二頁、「オスナブリュック史」第二部への序文、二二一―三頁。さらに小林昇「リストの生産力論」（『小林昇経済学史著作集』第VI巻、未來社、一九七八年）、二五七―二六七頁、ならびに原田哲史「F・リスト――温帯の大国民のための保護貿易論――」八木紀一郎編『経済思想のドイツ的伝統』（『経済思想』第七巻）、日本経済評論社、二〇〇六年、四一―五六頁、また坂井榮八郎『ユストゥス・メーザーの世界』刀水書房、二〇〇四年、を参照。

☆11 Jahrbücher für die preußische Gesetzgebung, Rechrswissenschaft und Rechrsverwaltung, Bd. 34, 1829, S. 192-198.

書はプロイセン皇太子（のちのフリードリッヒ・ヴィルヘルム四世）の目にも留まり、深い印象を与えた。そしてその支持によりハックストハウゼンはプロイセン政府の要請を受け、プロイセン王国各州の農民の経済事情や慣習法の調査を行なうこととなる。[☆13]

『パーダーボルン＝コルヴァイの農業制度』は長らくのあいだ、ハックストハウゼンの農政論上の処女作とみなされてきた。[☆14] しかしじつは一年前の一八二八年に彼はすでに「ベーケンドルフとベーカーホーフ」(Böckendorf und Böckerhof) と題する別の長大な論文を作成していた。ベーカーホーフというのは彼の生まれたハックストハウゼン家の館であり、ベーケンドルフというのはその館を取り囲む村落である。すなわち本論文は『パーダーボルン＝コルヴァイ』よりもはるかに狭い空間を取り扱った、文字通り、彼の郷土の農業制度史であった。本論文のなかで彼は「マイアー地制度」(Die meyerstättische Verfaßung) を分析し、ベーケンドルフにおける畜耕役を負担するマイアー、半マイアー、手耕役を負担するケッター、ブリンクジッツアーという四階級を析出している。共同体制度のなかでは「マイアー衆」(Meyerleute) を構成するこの四階級はそれぞれ通婚圏を異にする独自の身分をかたちづくっていた。ハックストハウゼン家はパーダーボルン司教領を支える四大支柱＝四大マイアーのひとつであり、一四六五年には二九フーべを所有していたという。本論文は後年ハックストハウゼン自身が書きとめた「メモワーレン」のなかで言及し、またヴェストファーレン知事フォン・フィンケが本論文について高く評価した読後感をハックストハウゼンに書き送った一八二八年十月二十九日付の手紙が残されているにもかかわらず、所在不明の未発表の草稿にとどまっていた。ようやく一九八四年にいたって、その草稿はハックストハウゼン家のフェルデン（現在はアベンブルク）文書館において筆者により発見され、ハックストハウゼン自身がそれの創設者であったヴェストファーレン歴史家協会の『ヴェストファーレン雑誌』に発表された。[☆15] 後年彼がロシア人の「種族愛」(Stammesfeühl)との対比でドイツ人の特徴とした「郷土愛」(Heymathsgefühl)の表現として、本論文を彼の処女作とすることが許されよう。

ともあれ、ハックストハウゼンは枢密顧問官(der Geheime Regierungsrat)なる役職を与えられ、一八二九年から一八三八年にいたる時期、プロイセン王国の各地を旅行して農村事情の調査にあたった。

☆12 Bertram Haller, Haxthausens Schrift "Über die Agrarverfassung in den Fürstenthümern Paderborn und Corvey" in Urteil einiger Zeitgenossen, vornehmlich der Freiherrn von Vincke und vom Stein, in: Westfälische Forschungen, Bd. 31, 1981, S. 169-171.

☆13 Wolfgang Bobke, *August von Haxthausen. Eine Studie zur Ideengeschichte der politischen Romantik.* Diss. München 1954, S. 39-65.; Bettina K. Beer, *August von Haxthausen. A conservative Reformer: Proposals for administrative and social Reform in Russia and Prussia 1829-1866.* Diss. Nashville, Tennesee, USA, 1976, pp. 105-121.; B. Haller/Günter Tiggesbäumker, *Die Kartensammlung des Freiherrn August von Haxthausen in der Universitätsbibliothek Münster,* Beihefte zu Westfälische Geographische Studien, 2, Münster 1978, S. 9-20.

☆14 Vgl. Harrmut Harnisch, August Freiherr von Haxthausen. Zum Standort eines Wegbereiters der Agrargeschichte und der Volkskunde, in: Jahrbuch für Volkskunde und Kulturgeschichte, Bd. 27, 1984, S. 34.

☆15 August Freiherr von Haxthausen, Böckendorf und Böckerhoff. Monographie des Dorfes Böckendorf und des Gutes Böckerhoff, 1828, hrsg. von Eiichi Hizen, in: Westfälische Zeitschrift, Bd. 137, 1987, S. 273-330, bes. S. 283, 285, 301f., 307, 314.

その主要な成果のひとつが一八三九年の『東西プロイセンの農村制度』(*Die ländliche Verfassung in den Provinzen Ost-und West-Preußen, Königsberg*) である。本書はプロイセン王国東部の農民の歴史と現状の最高の叙述として、今日なお評価されている。彼によれば、当地の農村共同体はルースで平等主義的な性格を帯びており、それはそのスラヴ的起源を示唆するものと推測された。こうして本書は、後年の大規模な独露の村落共同体の比較の始まりを意味する。

二　ドイツ農民身分の存在様式

しかしながらそれに先立って、一八三二年に彼が『ベルリン政治週報』に連載した大論文すなわち、「キリスト教的－ゲルマン的王国の有機的諸身分――ドイツの農民身分について――」（本書では「ドイツ農民論」と訳した）は彼のドイツ農民論の総括という性格を帯びている。[☆16] それによれば、ドイツ農民身分の定住史的に見た存在様式は次の三通りであった。

（一）純ゲルマン的な散居農場（ホーフ）制度。[☆17] メクレンブルクに発し、リューネブルク―カーレンベルク―シャウムブルク（ヴェーザー）を通り、そこからリッペ川の源流へ、さらにヴェストファーレン山地の上手へ進み、最後にベルク、ユーリヒを横断してネーデルラントへと抜ける「鋭い線」（かつてメーザーによって発見された安定的なザクセン的散居農場制度とやや変化しやすいスエーヴェン的村落制度との境界線）の北側＝北西ドイツには、散居農場制度が支配的である。しかもこの線はさらにネーデルラント、北部フランス、東部イングランド、スコットランド低地、ノルウェー、スウェーデン、デンマークを通ってメクレンブルクへ戻るという国際的な広がりを示しており、おおむね北海を囲んで走るこの境界線の内側が国際的な散居農場制度地帯なのである。

この散居農場制度は原始ゲルマン人の太古からの散居農場的定住に由来するものである。各農場は庭畑、耕地、採草地、茂み、林を備えて、完結した自立的なテリトリウムを形成しており、したがってここにはゲマインデ的結合は経済的な意味では存在せず、教会的・行政的・司法的意味で存在するにとどまる。おそらくは太古の異教的－祭祀的単位に由来する教区共同体（Kirchspiel）、ヘールバン等の軍事的単位に由来する行政区（Bauernschaft）、高権的な単位である裁判区（Amt）がそれである。農民は農場を「バウエルンシャフトというゲマインデのなかの株式である農民農場の私的所有者として所有する」のである。

北西ドイツの農場農民はヨーロッパ大陸でもっとも富裕な農民であって、①フリースラントに典型的に見られる自由農民と②ヴェストファーレンに典型的に見られる従属農民（一八〇六年以前はアイゲンベ

☆16 Die organische Stände der christlich-germanischen Monarchie. Vom deutschen Bauernstande, in: Berliner Politisches Wochenblatt,（以下では BPW と略記）, 1832, Nr. 45 (10. Nov.) S. 286 u. Beilage S. 287 u. S. 288, Nr. 46 (17. Nov.) S. 291-292 u. Beilage S. 293 u. S. 294, Nr. 47 (24. Nov.) S. 296-298, Nr. 48 (1. Dez.) S. 301-304, Nr. 49 (8. Dez.) S. 309.（以下 Bauernstande と略記。）本書Ⅰの2がそれである。さらに拙稿「ハクストハウゼンのドイツ農政論――農民身分の定住様式把握を中心として――」（前掲拙著、Ⅱの2）をみられたい。

☆17 以下、Bauernstande, BPW, Nr. 45, S. 286 u. Beilage S. 287 u. S. 288, Nr. 46, S. 291 による。本書八三頁以下。

ヘーリッヒカイトと呼ばれ、特定の上位農場にたいするゆるやかな従属関係に立っていた）との二類型からなる。「農場制のもとに生活する諸民族の性格は自立的で慎重、まじめでメランコリックである。」そして「伝統的生活関係の強固な維持」が特徴的で、「きわめて強い郷土愛（ein sehr tiefes Heimathsgefühl）」がみとめられる。「彼らの祖国は荒涼とし一部は沈鬱であるが、彼らはそこから移住したがらない。彼らは一般に粘液質的で革新欲に欠けた種族であるが、一点だけ詩的な側面をもっている。つまり海上に出て幸運と冒険とを求めようとする欲求をである。そして歴史を通じて、ノルマン人、デーン人、アルゲルン人、ザクセン人、フリースラント人、オランダ人、イギリス人は四海を駆け巡るもっとも勇敢で企業心のある航海者であった。」

（二）ゲルマン的－ケルト的な自由村落制度。[☆18] 散居農場制度地帯の南側、後述のスラヴ的村落制度地帯の西側に当たる、テューリンゲン、フランケンに始まる地帯に支配的に分布し、フランスにも分布している。この定住様式は、ローマ時代以前に、南下するゲルマン人と村落的定住をおこなっていた原住ケルト人との混交によって成立した。

ここではスラヴ的村落に比べて村落の平均規模が大きい。小村があるのは山地だけで、肥沃な平野部にはしばしば戸数二〇〇戸以上の村落が存在する。村落の組み立ては不規則であり、スラヴ的村落と対照的な、自由村落の自然発生的な成立を物語っている。

さて、この地帯にあってはフーフェ制度が「農地制度（Ackerverfassung）全体の土台をなす。」フーフェはある農民家族の資産であり、かつゲマインデ内でのその家族の権利を保証し義務を規定するゲマインデ株式（Gemeindeaktie）である。そして村落マルクの所有主体であるゲマインデは株式会社（コルポラッツィオン）である。そこにおいて「メンバーたる資格には二つの土台があった。ひとつは出生もしくは村民としての受容によって獲得される人的な土台であり、いまひとつはゲマインデ株式の所有という物的な土台である。ゲマインデ株式の所有によって人的な土台ははじめて有効となりうる。」すなわち、ゲマインデ株式であるフーフェの所有によってはじめて、物的権利やゲマインデ財産への参加権が与えられるのである。

そして所有する株式の大きさに応じて、村内に二つの階級が形成される。①フーフェ農民（ヒューフナー）（畜耕をおこなう狭義の農民。マイアーなど）。農産物を自己消費するとともに販売をもおこなう。②小農民（コッセーテン）（下層農民。ケッターなど）。農産物はもっぱら自己消費に充てられる。農村手工業（鍛冶屋、車大工）、農村商業（家畜商、穀物商）を兼営する。コッセーテンは村落の営業者である。

領主はここでは散居農場制度地方におけるようなゲマインデの世襲の長ではなくそれ以上の存在であるが、逆にスラヴ的な従属村落制度におけるような世襲的ヘルシャフトではなく、世襲的な高権（政治的・裁判的な）である。

領主の館はスラヴ地方のように村落ごとにあるのではなく、領主館のない村落が多い。また領主館は村落マルクの内部にではなく、やや離れたところに位置している。領主地は村落地の半分ないし三分の一にすぎず、かつ両者は混在していない。要するに「村落はスラヴ地方では領主地（ドミニウム＝ドメーネン領地、修道会、参事会）の有機的な一部としてあらわれるが、当地方では領主館と並ぶ

☆18　以下、Bauernstande, BPW, Nr. 47, S. 296-297 による。本書一〇二頁以下。

自立的な統一体としてあらわれる」のである。

（三）ゲルマン的－ケルト的－スラヴ的な従属村落制度[☆19]。ドイツ人入植者によってゲルマン化されたスラヴ地方の定住様式である。ゲルマン諸民族のかの大移動期に、その放棄したドイツ東部地方へスラヴ（ハックストハウゼンの表現では「サルマート」）諸民族が進出して、「村落制度のなかに消しがたく存続している諸要素」を持ち込み、その後の長期にわたるドイツ人の入植過程のなかで、この第三の類型が形成された。それはリューネブルクを通るかの境界線の東側に広がり、ベーメンやポーランドにまで分布している。

村落の規模は西部ドイツと比べて小さく、五～七戸のものが多く、せいぜい三〇～四〇戸にとどまる。ここにも村内に階級分化があり、①フーフェ農民（ヒューフナー）と②小農民（コッセーテン）とが存在し、それぞれの階級が西部ドイツの場合と同様、特別の階級財産を有して、ゲマインデ内部にさらに小さなゲマインデをかたちづくっている。村落はこの二つの構成部分からなるコルポラツィオンである。こうした二階級へのゲマインデの分割はドイツ的であって、スラヴ諸民族の場合には存在しない。そこでは普通単一の農民階級が存在するのみである。

さて従属村落制度の本質は、領主の農民にたいする支配的な地位に見出される。すなわち、領主地は農民地＝村落マルクの二～三倍、ときには六倍もの広さを有し、かつ領主地と村落地とは混在（Gemengelage）化して一体化しており、その全体が領主によって支配されているのである。つまり領主地が本源的なものであって、村落はその付属物としてそれに従属しているにすぎない。「村落は領主地（ドミニウム）のために存在するのであって、領主地が村落のなかから徐々に成立したのではない。」

その場合、ヒューフナーが畜耕役を、コッセーテンが手耕役を負担する。領主裁判所は、西部ドイツでは民衆の高権＝民衆裁判所に発するものであったが、東部ドイツでは領主の領民にたいする家産権に発するものであった。それは村落裁判所の組織（シュルツェとシェッペン）がドイツ的であるのとは対照的である。こうした構造はゲルマン騎士団の入植というその成立史に由来するものであり、村落の組み立てが西部ドイツのように自然発生的で不規則ではなく、計画的で規則的であることにも、そうした事情が反映している。また各村落は完結し孤立していて、西部ドイツに見られる村落間の利害のもつれ合いや広域的な協力関係は存在しない。

さてドイツの土地制度の特徴は、第一に、このような多様な農民身分の存続にある。そこには所有の安定、エゴイズムの欠如、相互扶助、郷土愛、営利の制限といった良き伝統がまだ活きており[☆20]、したがってこの農民身分を再建することによって、解体的な革命理論にたいしてもっとも有効に対抗することができる。

第二に、大中小規模の土地所有のあいだにバランスの取れた分布が実現されていることである。そしてそのバランスによって、それぞれのカテゴリーがその固有の任務を担当しうるのである。すなわち①大土地所有＝大農場は農業を改善し、その実験の成果を待つことのできる経済力を備えている。また農産物を輸出することができる。②中土地所有＝中規模農場は「国の安定的な原理」を体現している。新しい実験の能力はないけれども、歴史的な活きた経済体制をしっかりと維持する。そして国

☆19　以下、Bauernstande, BPW, Nr. 46, S. 292 u. Beilage S. 293 u. S. 294 による。本書九一頁以下。
☆20　Paderborn und Corvey, S. 192-193.

内市場向けに生産する。③小土地所有＝小さな生計は大中農場における奉公人の季節的不足に対応した日雇いや補助労働力に、ゲマインデ内の地位と独立の生計とを与える。そのことによって危険なよそ者のプロレタリアートのゲマインデへの流入が阻止される。これは社会安定化の拠点となるものである。[☆21]

他方において、十八世紀以来プロイセンの先進地帯であるラインラントならびにヴェストファーレン北・西部では農村工業が発達し、ゲマインデが変容を遂げつつあった。つまり複数の行政区（Bauerschaft）が教区共同体（Kirchspiel）へと結合し、いわゆる広域共同体（町村連合＝Sammtgemeinde）が形成され、そのなかでは都市と農村との旧来の区別また農民・ケッター・ホイアーリング・アインリーガーの伝統的な身分差が事実上解消しつつあった。次いでフランス支配下で広域的なメリー（Mairie）制度が導入されるが、その特徴は以上の傾向を法認したことであった。しかるにハックストハウゼンはこうした発展にたいして批判的であり、『所見』を発表してこれを革命フランスの立法のもたらした悪しき影響の所産と捉え、前述の旧来の三形態を擁護したのである。その見解は一八四一年十月三十一日のラントゲマンデ条例に実現される。[☆22]

しかしながらプロイセンではこの間に、広域共同体的発展を押しとどめつつ、前述の三形態を基盤として「上からの」近代化が進展する。一八四〇年代にいたってハックストハウゼンはそれがもはや押しとどめることのできない「時代の兆候」であるとして、ペシミズムを深めた。近代化の特徴は有機体的諸身分の解体であり、特殊近代的な階級である貨幣的富者（Geldreichen）とプロレタリアートとの形成である。この両者は相互に激しく対立しつつも、以下の共通性をもつ。すなわち①ともに近代化の所産である。②ともに民衆（Volk）の外に立っている。③ともに土地＝郷土や祖国にたいして無関心である。[☆23] ――ハックストハウゼンがロシア政府の農村調査の委嘱を受けたのは、このような危機意識を抱きつつあった最中においてであった。

三　ハックストハウゼンのロシア旅行とミール共同体の「発見」

ハックストハウゼンのプロイセン農村事情の調査を評価したロシア政府が、ロシア帝国の農村事情の調査を依頼したことによって、彼の調査活動は新しい局面を迎えることとなる。すなわち彼はロシ

☆21　以下、Bauernstande, BPW, Nr. 47, S. 297-298, Nr. 48, S. 301-302による。本書一一一頁以下。

☆22　Vgl. Ruth Meyer zum Gottesberge, *Die geschichtlichen Grundlagen der westfälischen Landgemeindeordnung vom Jahre 1841* (Bielefeld, 1933), S. 10-17, 22-23, 48-50, 73, 76, 96-97, 117-118, 128-130, 135-143, 151, 159, 163-172.; W. Bobke, a. a. O., S. 58-59, S. 104-105.; B. K. Beer, op. cit., p. 138-142.『所見』は *Gutachten über den nach den Beschlüssen eines Königlichen Hohen Staatsraths regidirten Entwurf einer ländlichen Gemeinde-Ordnung für die Provinzen Westphalen und Rheinland* (Berlin, 1834), S. 50, 62-64, 113-117, 141-157. 岡本明「ナポレオン支配下のヴェストファーレン王国――官僚制度と隷農身分の廃止をめぐって――」服部春彦・谷川稔編『フランス史からの問い』山川出版社、二〇〇〇年、所収、同「ナポレオン支配期衛星国家のプロイセン官僚の群像」『西洋史研究』新輯第三〇号、二〇〇一年、を見よ。

☆23　August von Haxthausen, Temporis signature, in: Jahrbucher deutscher Gesinnung, Bildung und That, hrsg. von V. A. Huber, H. 19 u. 20, 1845, S. 393-468.

ア政府の援助のもと、一八四三～四四年にロシア帝国を旅行し、その農業制度を調査し、ヨーロッパ人として初めてオプシチーナを「発見」することとなるのである。彼はヴィルヘルム・コーゼガルテン、フォン・アーダーカス、フォン・シュヴァルツ、パウル・フォン・リーヴェンを伴って、二台のタランタス（旅行用馬車）に分乗し、一八四三年五月十二日にモスクワを出発し、ヤロスラヴリ、ヴォログダ、ヴェリーキー・ウスチューグ、ニジニ・ノヴゴロド、カザン、シムビルスク、サマーラ、サラトフ、ペンザ、タムボフ、リペーツク、ヴォロネジ、ハリコフ、フェオドーシア、ケルチ、（ザカフカス地方）、シムフェローポリ、オデッサ、キエフ、オリョールを経て、十月二十九日にモスクワに帰還した。五ヵ月半に及ぶ大調査旅行であった。その後、彼は翌年四月までモスクワにとどまり、スラヴ派の思想家たち、大学教授、政府高官と対話して、その調査旅行の補足とした。その結果として刊行されたのが彼の主著『ロシアの内部事情、民衆生活ならびにとりわけロシアの農村制度に関する研究』全三巻（*Studien über die innern Zustände, das Volksleben und insbesondere die ländlichen Einrichtungen Russlands*, Teil 1 und Teil 2, Hannover 1847; Teil 3, Berlin 1852. 本書では「ロシア旅行記」と訳した）ならびに『トランスカウカジア。黒海・カスピ海間の若干の諸部族における家族・共同体生活ならびに社会事情の解明。旅行の記録とノート』（*Transkaukasia. Andeutungen über das Familien-und Gemeindeleben und die socialen Verhältnisse einiger Völker zwischen Schwarzen und Kaspischen Meere. Reiseerinnerungen und gesammelte Notizen*, 2 Bde., Leipzig 1856）である。☆24

さて「ロシア旅行記」の要点は序文のなかの、ドイツ・ヨーロッパ諸国＝「封建制国家」、ロシア＝「家父長制国家」という二分法に示されている。

アメリカの研究者フレデリック・スターは次のように指摘している。

「『ロシア旅行記』には三つの主題があるといえる。第一に、ロシアにおける家父長的な家族の位置、オプシチーナやアルテリにたいするそれの影響、さらにこれらの諸制度の貴族にたいする関係。第二に、諸地域や諸地方ごとの相違の性格とその程度、国民的統一に及ぼすその影響ならびに植民がそれらに及ぼす影響。第三に、諸宗派ならびに分離派の共同体および正教教会の状態、それらの相互関係。以上がそれである」[☆25]。

だがそのさい、土地の定期的割替え慣行を伴うミールないしオプシチーナの「発見」こそが、農政史家ハックストハウゼンの功績の核心であった[☆26]。ミール共同体についてハックストハウゼンは独露比較の観点に立ちつつ、次の三つの命題を立てている。

☆24 B. K. Beer, op. cit., Chap. IV.; August von Haxthausen/Editha von Rahden. *Ein Briefwechsel im Hintergrund der russischen Bauernbefreiung 1861. Mit einer Einführung* herausgegeben von Alfred Cohausz, Paderborn 1975, S. 6-50; Friedhelm B. Kaiser August Freiherr von Haxthausen in Rußland, in: *Reiseberichte von Deutschen über Russland und von Russen über Deutschland,* hrsg. von F. B. Kaiser und B. Stasiewski, Köln 1980, S. 95-120.; V. I. Semevskij, Krest' janskij Vopros v Rossii v XVIII i pervoi polovine XIX veka, S.-Petersburg, 1888, Tom II, str. 429-443.; Günter Tiggesbäumker, *Zur Agrargeographie Russlands im 19. Jahrhundert. Auf der Grundlage der Reiseberichte des Freiherrn August von Haxthausen,* Diplomarbeit, Münster 1976, S. 22-32.; Ders., Die Rußlandsreise des Freiherrn August von Haxthausen (1843/44), in: Westfälische Forschungen, Bd. 33, 1983, S. 116-119.

☆25 Frederick Starr, August von Haxthausen and Russia, in: The Slavonic and East European Review, vol. XLVI, No. 107, 1968, p. 471.

第一に、地球上のすべての国民は原初いらいその国民に固有の農業＝土地制度をもつ。そしてドイツのフーフェ制が太古的であるのと同様、ミールはまさしくロシア人の国民性を反映した、太古から存在する農業制度である（ミール共同体成立に関するいわゆる「連続性説」）。

第二に、土地割替えを伴うミールは、すべての構成員が必要な土地割当てを受けることのできる、サン＝シモン流の「組合（アソツィアツィオン）」であるが、これにたいしてドイツの農村共同体は、フーフェ農民のみを正規の構成員とする封鎖的な「株式会社（コルポラツィオン）」である。これに対応するのが、ドイツ民衆の「郷土愛」と対比できるロシア民衆の「種族愛」である（共同体からみた独露比較の基礎視点）。

第三に、ハックストハウゼンはミールの優位についてこう言う。「この家父長制的制度（ミール）は純農業的な観点から見れば（土地の定期的な割替え慣行を通じて、農業生産力を停滞させるという）重大な欠陥をもっているかもしれないが、しかしそれにもかかわらずそれは、国民的・道徳的・政治的な観点から見ればその欠陥を補って余りある長所を持ち合わせている。」すなわち、ミールはロシア人の国民精神を表現する「組合」であって、その平等主義的な性格のゆえに、農村プロレタリアートを生まない。しかるにドイツの「株式会社」は土地の私的所有を保証することによって農業生産力を高める反面、株式をもちえない農村下層民を、さらには農村プロレタリアート（ペーベル）と危険な大衆貧困（パウペリスムス）を生み、それがいまやドイツや西欧の社会制度全般を脅かしている（プロレタリアート論[☆27]）。

こうした接近方法はマルクスやエンゲルスの封建的生産様式対アジア的生産様式という二分法の先

駆的形態をなすものであったといえる。

ハックストハウゼンのこの見解は大きな学問的、イデオロギー的、政治的な影響を及ぼした。とりわけA・I・ゲルツェンやN・G・チェルヌィシェフスキーらロシア人民主義者たち（ナロードニキ）はこうした見解から霊感を得て、ミール共同体を基盤とするロシア社会主義（ナロードニキ主義）を構想したのである。☆28 また後年、いわゆるネオナロードニキを代表するA・V・チャヤーノフが『小農経済の原理』を著して、ヨーロッパの「資本主義経済」と対立するロシアの「小農経済」を分析したが、それはハックストハウゼンの制度史的接近をミクロ経済学的に補完するものであったといえる。☆29

☆26 Carsten Goehrke, *Die Theorien über Entstehung und Entwicklung des 'Mir'*, Wiesbaden 1964, S. 14-41. 鈴木健夫『帝政ロシアの共同体と農民』早稲田大学出版部、一九九〇年、第I部付論。

☆27 Goehrke, a. a. O., S. 21-23; Studien, Teil 1, S. XI-XIII, 62-63, 67, 156-157, Teil. 3, S. 43, 123ff., 151-152, 481. 拙著『ドイツとロシア――比較社会経済史の一領域――』未來社、一九八六年、III、8。

☆28 N. M. Druzinin, A. von Haxthausen und die russischen revolutionären Demokraten, in: *Ost und West in der Geschichte des Denkens und der kulturellen Beziehungen. Festschrift für Eduard Winter zum 70. Geburtstag*, Berlin 1966, S. 642-658.

☆29 Eiichi Hizen, August von Haxthausen His Comparison of German Land Community and Russian Mir in its Meaning for Alexander Tschajanow's Theory of Peasant Economy, in: Success and Failures of Transition – The Russian Agriculture between Fall and Resurrection. (22-24, Sept. 2002, IAMO, Halle/Saale), pp. 1-9. ニコラス・ジョージェスク＝レーゲン「経済的要因と制度的要因との相互作用」小出厚之助訳『経済評論』第三五巻第九号、一九八六年、および小島修一『ロシア農業思想史の研究』ミネルヴァ書房、一九八七年、を見よ。

ハックストハウゼンはロシアの土地制度に関するその知識を評価されて、一八六一年のロシア農民解放事業にも参加する。この活動を通じて彼の農政史の最後の重要な作品である『ロシアの土地制度。その発展と一八六一年立法におけるその確立』(*Die ländliche Verfassung Rußlands. Ihre Entwicklungen und ihre Feststellung in der Gesetzgebung von 1861*, Leipzig 1866) が現われた。

最後に、それではドイツ的(ヨーロッパ的)形態とロシア的形態との境界線はどこにあるのであろうか。この点についてハックストハウゼンは素朴に、だが適切に次のように述べている。「旅行者がロンドン、パリあるいはライン地方のようなヨーロッパ文化の中心地から東に向かって出発すると、彼らは民衆のあいだで次第にヨーロッパ文化が鄙びてくるのを感じるであろう。そしてついに白ロシア、リトアニアにいたってヨーロッパ文化が最終的に消滅し、そこからはそれに代わって別個の文化が現われる。そしてその文化はモスクワ、ヤロスラヴリ、ヴラジーミルへと進むにつれて強化されるのである」[30]。ここからわかるように、ハックストハウゼンは、のちにジョン・ヘイナルやミヒャエル・ミッテラウアーによって提唱された、ヨーロッパとロシアとを分かつ「聖ペテルブルク—トリエステ線」[31]の先駆的発見者でもあったのである。

ハックストハウゼンの雄大な独露農業制度の史的比較論は、ドイツ・ロマン主義の農業論のもちえた射程距離の大きさを、争う余地なく示している。

反面、その共同体論の「連続性説」のもつ静態的性格、メーザーから継承したフーフェ＝株式説の「苛酷な」反人権的性格、[32]ドイツ農業論に随伴する反ユダヤ主義、ミールを賛美することに伴うロシア農業の生産力構造の問題点の看過、そしてなによりもプレハーノフの怖れた「アジア的復古」の可能性の看過、などにたいする批判を忘れてはならないであろう。
その功罪についての立ち入った検討は今後の課題である。

☆30 Studien, Teil 3, S. 5.
☆31 拙稿「エルベ河から『聖ペテルブルク―トリエステ線』へ――比較経済史の視点移動――」『学士会会報』二〇〇三―IV、No. 843.（前掲拙著、序）
☆32 F・マイネッケ『歴史主義の成立』菊森英夫・麻生建訳、筑摩書房、一九六八年、下巻、三四、五七、六一―二頁。

二、アウグスト・フォン・ハックストハウゼン「ロシア旅行記」抄（翻訳）

序　文

私は長年にわたって土地制度全般、なかでも共同体制度と農民身分の制度全般、とくに農業・家族・（いまだ隷属関係が存続している場合には）地主・共同体・国家にたいする農民身分の関係についての研究に従事してきた。私はいわゆる下層身分の生活を直接に自分の目で観察し研究しようと努めてきた。その後、私はこうした学問的努力にたいして、時間と機会のみならず支援をも得た。プロイセン政府がプロイセン王国の各州の農村に赴いて農民身分の諸事情を根本的に調査し、それを詳細に叙述し、またその歴史的発展を解明することによってその調査を裏づけるよう私に委嘱したからである。将来の立法にたいして必要な基礎となり補助手段となるよう、私は資料を収集した。この目的のために私は一八三〇年から一八三八年にいたるまで、プロイセン王国の各地ならびに隣接諸国の多くを旅行した。

この旅行ならびに収集した資料を比較吟味したさいに私は、土地制度の各部分の史的発展を叙述するなかで、ドイツ東部の全体において、純ゲルマン的民衆生活の基礎から展開したとは思えない、なぞのような諸事情に出くわした。

ところでこの地方はもちろん始原的にはゲルマン的であったのだが、ほぼ六世紀から十二世紀にいたる時期にスラヴ民族が居住しており、その後徐々に消滅するかゲルマン化されたのであった。したがって、前述のなぞのような制度的諸事情はその根を、そこで没落したスラヴ的民衆生活や最古のスラヴ的制度にもつにちがいないと考えざるをえなかったのである。

こうして、私の史的研究にとって、スラヴ諸民族の民衆生活と制度とを、より包括的な研究の一部に組み込むことが必要となった。だが諸民族の制度をたんに古文書や古記録のみによって研究し説明するのではなく、つねにまず民衆生活そのものをじかに観察し、その後にようやく、記録類の研究によってそれの理解を深めるというのが私のやりかたであったので、つねにそして現在にいたるまでスラヴ民族が居住してき、その民衆制度が妨げられることなく自立的に発展してきたような、始原的にスラヴ的な諸国を訪問し、その諸事情を自分の目で観察することが、私の差し迫った願望となっていたのである。

プロイセン王国のなかの現在もなおスラヴ諸民族の居住する地方、つまりカシューブ人やマズーレン人やオーバーシュレージエン人の住む地方やポーランド本土においてさえ、原スラヴ的な土地制度は純粋には維持されておらず、純粋に国民的には完成されなかった。あまりにも多くのゲルマン的な要素が侵入したので、個々の事情のなかで、どれがゲルマン的でどれがスラヴ的なのかをしばしば決定しがたいのである。

したがって私は、土地制度の真にスラヴ的な諸要素が妨げられることなく純粋に維持されているような国を訪れ、くまなく旅して周り、徹底的に研究したいという願いを抱かざるをえなかった。ここにおいて私はもっぱら、オーストリア王国の南部分、セルビア、ブルガリアおよびとりわけロシアを念頭におくことができた。

だがそうした研究はきわめて困難であり、明らかに当該政府の特別の保護と支援とがあって初めて実施しうるものであった。

その後、私は幸いにも、自分の学問的研究を支援しようというロシア政府のきわめて好意的な申し出を受けることができた。ツァーリはあらゆる官庁に私を保護するよう命じたのみならず、古文書館や記録所にたいして必要な情報やメモを私の利用に供するよう命じたのである。

私はペテルブルクにおいて、この重要な旅行に必要なすべてのものを調達したのち、一八四三年春にモスクワを出発して旅に出た。私はまず北方へ向かい、広大な森林地帯の一部を通ってヴォルガ川に戻り、東部に向かってカザンにいたった。次に南下してサラトフにいたり、次いで豊かな穀倉地帯であるペンザ、タムボフ、ヴォロネジ、ハリコフに赴き、イェカチェリノスラフを経てステップを越えてクリミア半島のケルチに到達した。私はここから南コーカサス諸国への特別の小旅行を行ない、その後にクリミア半島を旅し、黒海沿岸を通ってオデッサにいたった。その後にポドリア、ヴォルィニを経てキエフにいたり、チェルニゴフ県、オリョール県、トゥーラ県を通って、十一月にモスクワに帰った。

本書は私がロシアで得た経験と観察また収集した資料の一部を含んでいる。

こうした研究にさいしては、原則としてどの民族においても、とりわけ農村の経済的ならびに法的な諸事情が、特別の国民的な基礎をなすのだということを念頭におかねばならない。このことを完全に認識して初めて、かの諸事情を正しく把握し叙述することができるであろう。すべての民族やその支族でさえこの意味でそれぞれに特別の特徴を帯びているとすれば、このことはヨーロッパの二大民族群であるゲルマン諸民族とロマン諸民族についても、より高い視点からみて当てはまる。だがそれにもかかわらず、そこにはきわめて多くの共通性、相似性、類似性もまた存在するのである。千年間にわたって進行した風俗・言語・利害・民族生活全体の多様な相互浸透と融合、共通の教会、ローマ法の普及が、この接近、均等化、融合をもたらしたのである。

このことは言語にも現われた。これら諸民族のすべての言語は、まったく同じ意味をもつ単語やその概念を形成した。前述の諸事情――自民族のみならず他民族のそれをも――を記述し説明するには、これらの言語のどれを用いても足りる。しかもそれは厳密に可能なのであって、その結果として他民族の学者はそれを自ら認識しうるのみならず、たとえばそれを自国語の著書に翻訳したければ、それを誰にでもわかるように訳することができ、公衆に正しく理解させることができるのである。

たとえば一群の言葉、ゲマインデ、コミューンあるいはペヒター、ファーマー、フェルミエの意味を分析してみると、これらの言葉は英、仏、独の三言語で本質的に同じ生活－法－事情を意味しているのであり、どの言語でもそれを叙述でき、他民族にも正しく理解できるのである。

スラヴ諸民族の場合は異なる。ポーランド人とボヘミア人にたいしては、ドイツの風俗、習慣、概念が何百年間にもわたって影響を及ぼしてきた。ドイツ法と、ローマ法の法概念と法事情が受け入れられ、立法は何百年以来、ゲルマン諸民族やローマ諸民族の場合と同じ性格をかたちづくってきた。その結果としてポーランドとボヘミアでは原スラヴ的な諸事情は大きく変容し、これらの民族の制度―法生活全体がゲルマン諸民族やローマ諸民族のそれにきわめて類似するにいたり、全体的に前述の関係がこれらの民族にも妥当するようになった。ポーランド語やボヘミア語の書物が法事情を記述するならば、それはゲルマンあるいはローマ諸民族の言語に翻訳され、これらの民族の民衆に充分理解され、逆にドイツ人がポーランドやボヘミアの法事情についてドイツ語で記述することもでき、それはポーランド語に訳されてポーランド人に充分理解されるであろう。たとえばドイツ、フランス、ポーランドのある都市の法―生活事情の詳細は、それらの言語のどれによっても充分に叙述することができる。それというのも、ポーランドの都市制度の発展にたいしては、ドイツとローマの法概念が支配的な影響を及ぼしたからである。

だがセルビア人やボスニア人、ブルガリア人の場合のように、スラヴ人以外のヨーロッパ諸民族の思想―文化圏に接近してその思想や文化を自己の民衆生活のなかに採り入れたことがいまだまったくないか、あるいはロシア人の場合のように、そうした接近や採取が起こったのがようやく近代にいたってからのことにすぎず、しかも民族の上層がこの文化を身につけたとはいえ、それは民族の本来の核心をなす下層には浸透してはおらず、とりわけ土地制度の生活―法事情が本質的な影響を受けておらず、変容していないような場合には、事態は異なる。

新しいヨーロッパ文化の影響を受けなかったこれらのスラヴ諸民族の生活―法事情は、先述のその他の諸民族のそれとは完全にかつ原理的に（またその形成においても）異なるのであり、その結果として、その諸事情を正しく理解するためには、われわれの言語ではしばしば完全にかつ明快に表現できないような語句をもつこととなるのである。われわれは正確な表現を求めて記述し、書き直さねばならない。たとえば、ゲマインデ、コミューンといった言葉の言語的—法的概念は、わが国やすべてのヨーロッパの言語では厳密でかつ同じ意味に形成されているので、それらのどの言語を用いても誤解される恐れはないのである。だが古スラブ的、ロシア的なゲマインデの概念は、なんと途方もなく異なっていることであろうか！　ヨーロッパの諸言語では、ゲマインデとはたまたま共住するにいたった人びとの集合体、大きな集団のなかの一区分、部分体であって、その共同生活は秩序づける風俗、習慣、法によって規制されている。ところがロシア語ではゲマインデとは家族有機体、始原的には拡大された家父長的家族であり、こんにちなお少なくとも擬制された、財産共有に立脚し、家父長を戴く家族なのである。

　セルビア人やブルガリア人のような、文化から完全に隔てられてきたスラヴ諸民族の場合このことはきわめて明瞭であるので、学者でなくても才能ある人びとはすでに以前からこのことに気づいており、その状況を外国の尺度によってみるという誤りを回避することができたのである。セルビア人に関するランケの著書、スラヴ人一般に関するツィプリアン・ロベルトの著書は、この点について賞賛すべき証拠を与えてくれる。われわれの知るかぎり、ランケがセルビアに滞在しその民衆生活をじかに観察することがなかっただけに、なおさらそう言える。

　ロシアの状態を叙述するさいには事情が異なる。ロシアはすでに早期に統一国家を形成した。ロシアはまたきわめて早期に、コンスタンチノープルから国家的諸制度を受容し、またおそらくゲルマン的な（ヴァリャーグ的な）影響さえ受けている。十六世紀にモンゴルのくびきを投げ捨てて以来、ロシアは決定的に西欧に接近した。一四〇年来、ロシアは近代文化をわが物としようと熱心に努めてきた。上層諸身分はまったくヨーロッパ的な仕方で教育され、ヨーロッパ的な教養を身につけた。すべての国家諸制度は西欧のそれを模倣して形成された。立法は性格のみならず形態でさえその他のヨーロッパのそれと同じになった。だがその影響は一般的にいって、国民の上層にしか現われなかったのである。下層やその風俗習慣、家族制度、ゲマインデ制度や農業制度、総じて土地制度全般には、外国の文化は浸透せず、立法によってはほとんどまったく、また行政によってもわずかしか、影響されなかった。

だが国民のうちの上層と下層との形成がこのように分裂した結果として、国内の土地制度の理解が、上層にとってさえきわめて困難となった。ロシア社会の上層は、外国語や外国の風俗に親しんでおり、その教育はもっぱら外国の司法や制度、機関の知識に立脚しているために、祖国のあらゆる制度をも、ともすると外国の目で見、同様に皮相な外国の仕方で発展させようとし、立法に拠ろうとする場合には、それを模範として形成し改組しようとしたのである。ごく近年になってようやく、ヨーロッパのあらゆる国々と同様ロシアにおいても、国民的意識が目覚め、ロシアの学者世界においても祖国の状態をその資料と真の本性にそくして研究しようとする有為な努力が始まるにつれて、この点で事情が変わり始めた。☆1 だが現在もなお、かつて導入された外国仕込みの教養、祖国の制度を記述するためにロシア語を外国から借用した概念で形成した上層の教育ある人びとの言語は、いたるところで阻害的に作用している。

ところで、ロシア生まれのロシア人の学者にとってさえロシアの真の状態や機構を理解することがもはやできなくなっているかあるいはそれの復元がいまだ困難であり、かの状態をわれわれおよび自分自身に解明してみせるための精神をその言語に吹き込むことがいまだできず、詩人たちはいまようやく（ウォルター・スコットやアーヴィングの詩派のようなものがロシアにも形成されたのちに）民衆――家族生活、その風俗、その独自性を捉え、描き始めたのだと言わねばならないとすれば、ロシアについて著述した外国人については当然にもそのことはよりいっそう妥当するにちがいない。

ロシアへ旅行し、その地の状態を根本的に研究し、とらわれない目で民衆生活を観察しようと欲する者は、まず彼がそれについて外国で読んだものをすべて忘れねばならない。

私がロシアに滞在したのは一年あまりにすぎず、したがってロシアの民衆生活やロシアの状態をその深みに降り立って完全に解明したなどと自負する者ではけっしてない。けれども私は良心の命ずるままに、観察にあたってはとらわれることなく、また先入見を抱くことなく、著述した。私はロシアでもその他のどの旅先でも愛をもって観察した。というのも私は以前から、とりわけ真の活き活きした取り繕わない自然の民衆生活にたいして、もっとも深い尊敬と愛とを感じてきたからである！　そのさい私は、過去二〇年以上にもわたるドイツについての研究と旅行との経験によって、この種の観察に必要な目を養うことができた。こうしてともかくも本書には、いくつかの新しいことやまったく

☆1　この点で先鞭をつけたのが主としてドイツの学者であったことは、賞賛されるべきである。シュレーツァー、ミュラー、エヴァース、ゲオルギ、シュトルヒや近年ではとりわけロイツのような人びとは、近年のロシアの学者の教師だったのであり、とりわけ祖国の制度への愛とそれの研究への熱意を掻き立てた。

知られていなかったことだけではなく、思索や研究を刺激するものや役に立つものをもいくつか、盛り込むことができたと自負している。それどころか、ロシアの状態を考察するための方法について、ある程度は新しい道を切り開くことができたのではないかと思っている。だがなにか完全なもの、普遍的に妥当するもの、疑問の余地のないものを与えようとし、あるいは与えられると考えたことはまったくないと、はっきり申し上げておきたい。拙著は研究であり、批判的な作品ではない。個別的な間違いを免れているとは思わない。しかし現在のロシアの社会状態を内側から、その民衆的原理に即して解明しようとする人ならば、あるいはそれをたんに形式的に机上で改善し促進するだけではなく、それを真に国民的に発展させることを職業とする人やそれにふさわしい立場にある人ならば、だれもが立脚しなければならないいくつかの立脚点を提示することができたと自負している。啓蒙思想を身につけ、善意を抱いた人びとが私の方法を観察され、私の発見した結論を吟味してくださるよう（とくにロシア政府の側からの反応をも期待する！）。彼らの賛成と修正を期待する。本書が改善へのきっかけ、進歩への刺激となることを望むのみである。

右に述べたことを、この序文のなかで、あらかじめなにほどか証拠立てるために、私はここで手短かに私の観察ならびに研究から得られたいくつかの結論を示しておきたい。

ヨーロッパの他の諸国がその起源ならびに発展において封建制国家（Feudalstaaten）と規定できるのにたいして、ロシアは家父長制国家（Patriarchalstaat）と呼ばなければならない。

この単純な命題は計り知れないほど重大な諸帰結を内包しており、本質的な意味でロシアの国家的、社会的な状態のほとんどすべてを解き明かしてくれる。

ロシアの家族はロシア民族国家のミクロコスモスである。ロシアの家族では完全な権利の平等が支配している。だが家族が分割されることなく共住するかぎり、父親あるいは彼の死後は長男が家父長となる。そして全財産の無制限な処分権が彼にだけ属し、彼が共同生活をおくる家族構成員のひとりにその必要とするものを自己の判断にしたがって割り当てるのである。家族は拡大されてロシアの村（ゲマインデ）となる。土地は家族もしくは村に属し、各人は用益権をもつにすぎず、しかも［家族のなかでと同様］村のなかでも、生まれ落ちたすべての者は他のすべての村落構成員とまったく同じ権利を与えられる。したがって、土地は生活するすべての者のもとで平等に、均等な用益に供せられる。したがって、父親の持ち分である土地財産にたいする子供の相続権のようなものは存在しえない。そうではなくて、息子たちは村にたいして村落構成員としての自己の権利として（他のすべての構成員と同様の）持ち分権を要求する。村もまた擬制的な父親をもっている。長老もしくはスタロスタがそれであり、村落構成員は無条件に彼に服従する。

民衆の伝統的な信念によれば、ロシアは村に別れて住むロシアの民衆のものであり、首長であり父親であるツァーリのもと巨大家族をなしている。したがってすべてのものにたいする処分権はツァーリにのみ属し、民衆は彼にたいしては無条件に服従するのである。およそツァーリの権力を制限するなどはロシアの民衆にはまったく考ええないことである。「神の掟による以外に父親の力を押さえ込むことなど、どうしてできようか？」と、民衆の核心部分ではいまなお、二三〇年前にロマノフ王朝が勃興したときと同様、言われている。無制限のツァーリ権力を制限しようとする試みが、当時もその後もなされたが、それらはいずれも民衆の右の深い伝統的な信念、政治的信仰に遮られて、あっけなくそして跡形もなく消えうせてしまった！　したがって、ロシア君主の国法的な地位、少なくともツァーリの本来のロシア民衆にたいする地位は、他のいかなる国の君主のそれともまったく異なるのである。だが君主国ロシアの皇帝としては、彼の地位は他の諸君主のそれと対等である。

　ロシア人は誰もが村落に所属し、村落構成員として土地にたいする平等な持ち分権を与えられているので、ロシアには生まれながらの無産者たるプロレタリアが存在しない。

　ヨーロッパの他のすべての諸国では、富と所有とにたいする社会革命の前兆が脅威となっている。相続権の廃止、土地の平等な配分がその合い言葉である！　ロシアではそのような革命はありえない。けだし、ヨーロッパの革命家が抱くかのユートピアがロシアでは民衆生活に深く根差しつつすでに実在しているからである！

　ヨーロッパの自由主義は、有機体としての都市と農村とのあいだのあらゆる相違を払拭し、ギルドやツンフトなどの中世的な諸制度をいたるところで廃絶し、全般的な営業の自由を普及しようと努力している。このような社会状態はロシアでは太古の昔から存在していたが、国内のあらゆる進歩はそのことによって阻害された。そこで政府はそれにたいして立法を通じて、特権都市を建設し、ギルドやツンフトを創設しようと努めてきたが、こんにちにいたるまでなお本物の市民身分を創造することに成功していない。

　貴族は、おそらくスラヴ民族にはもともと存在しなかった要素であったように思われるのであり、ピョートル一世以前には比較的少数の存在にとどまっていた。あらゆる歴史時代を通じてロシアの貴族は、その影響力と重要性の源泉を、民衆のなかに占めるその地位からよりもむしろ貴族に寄せる王侯の信頼から得てきた。ピョートル一世は奉仕貴族を創設し、それによって古い世襲貴族は完全に後景に退けられてしまった。[☆2] すべての者に道が開けたのであり、民衆出身の誰もが、ある諸条件を充たせば、奉仕を通じて一代貴族の、さらには世襲貴族の称号を獲得することができる。だがそれは経験に照らして素晴らしいこととはけっして思われてはいない。ロシアにおいて有能な土地貴族が欠乏していることは明白である。

近年ロシアは、近代的な工場制度において著しい進歩を遂げた。貴族のうちの少なからざる部分が工場企業家になった。工場活動の中心であるモスクワは、貴族都市から工場都市へと変貌した。しかし、その結果がいたるところで有益なものと評価しうるかどうかはきわめて疑わしい。

その結果の一部として、ロシアでは日賃金がべらぼうに高騰した。比較し、またいろいろな事情を考慮して、ロシアほど日賃金の高い国はない。

農業が生み出す原料品はロシア奥地の産物であり、ヨーロッパの穀物市場から遠く隔たっており、また必要な輸送手段が欠如しているので、価格が著しく低い。

ところでこのように日賃金がべらぼうに高く、総じてすべての労働がとどまることなく高騰したので、農業がもっとも儲からない営業部門となっているのは明らかである。雇用労働によって農業を営

☆2　他のすべての諸国では、立憲制の国でさえ、貴族の称号は王侯の恩恵や恣意により得られるものである。ところが専制的なロシアでは皇帝が恣意的に貴族の称号を与えるのではなく、奉仕と法とによってそれが与えられるのである！　そしてそれにもかかわらず、一般的に言って、この奉仕貴族（チノヴニキ貴族）ほど劣悪な貴族は他にない。

もうとすれば、地代などが生まれることは実際まったくの夢でしかない。その結果として農業のあらゆる分野で活力と勤勉さが失われ、農業は進歩せずに退歩している。多くの地方で賦役を伴う農奴制がそれをなお支えていなければ、農業はさらに退歩するであろう。したがって工場活動は農奴制廃棄――ちなみに、それはロシアでも徐々に必要なこととなり始めているのだが――にたいするもっとも強力な阻害要因のひとつなのである。

太古の時代からロシアの多くの地方には一種の工業活動が存在し、ロシアの共同体制度に立脚しつつ一種の国民的アソシエーション工場をかたちづくっている。このアソシエーション工場は事実において、サン＝シモンの理論がヨーロッパの社会改革の一部をなすものとして考案し、模範として提示したものにほかならない。ロシア政府は近代的な工場制度にたいする偏愛から、この国民的なアソシエーション工場をこれまであまりにもないがしろにしてきた。

ロシアの国内的発展には大きな未来が待ち受けている。国家的一体性はロシアにとって絶対に必要なものである。すなわち、その国土は自然から見て、四つの巨大な地帯に分かれているが、それぞれが単独では真の自立の諸条件をもたず、それぞれにふさわしい人口規模をもつ限り、相互に結合することによって初めて強力で独立の国家を形成するのである。北部はもっぱら森林地帯であり、そのなかにはたとえばスペイン王国よりも広大な巨大森林が含まれている！　次にくるのは、ウラルからスモレンスクにいたる痩せたあるいは中位の肥沃度の地帯である。一八〇〇〇平方マイルの広さをもち、一六〇〇万人以上の人口が住む。きわめて広範で多種多様な各種の営業活動が行なわれているが、それは北部の森林や隣接する南のきわめて肥沃な地帯なしにはまったく存立しえないであろう。この地帯の南側にあるのがいわゆる黒土地帯である。これはその肥沃度と広さとにおいて地球上にほとんど類を見ないものである！　それはフランス全体の二倍も広い！　ここでは百年も施肥しないままの土地に毎年小麦が育っている。ほとんどどこでも施肥の必要がなく、また犂き入れの必要のないところも多い。大地の表面にわずかに筋目をつけただけで播種されるのである！　麦わらや畜糞はもっぱら燃料に使用される。それというのもここには森林がないからである。

南部と東南部には、何千年も前から牧民が家畜群を連れて往来している広大な草原が始まるのだが、この草原は大部分が肥沃であり、現在徐々に開墾が始まっている。奥地から移住してきた人びとによって作られた入植地がいたるところにオアシスのように点在している。黒海沿岸のこの地帯が、まず森林をもち次いで適切な人口をもつことに成功するならば、それはヨーロッパでももっとも繁栄した地帯に数えられることとなるであろう。

広さの点でヨーロッパの他の全地域をしのぐ、この広大な、四つの海［北極海、バルト海、黒海、カスピ海］に囲まれた大地には、完全に均質できわめて頑健かつ強力な民族が居住しているのである。ロシア人は大ロシア人と小ロシア人という二大亜種に分かれる。だが彼らは方言において低地ドイツ語と高地ドイツ語ほどにも隔たってはいない。三四〇〇万人の大ロシア人はヨーロッパでもっとも数が多くまたもっとも緊密な単一民族をなしている。国民の心情のなかには、対立や分離—独立を求める気持ちはまったくなく、逆にどの国民にも見られないほど、国民と教会との一体性の全体感情が強い。ただ心情豊かで精神的に才能ある民族である小ロシア人においてのみ、大ロシア人にたいする独立心と対抗心がわずかに認められるが、それもロシアの一体性をしっかりと前提してのうえのことにすぎない。

この国民の上層部分は何百年も前からヨーロッパふうの教養を身につけてきたが、だがその教養は、自国の民衆の発展のなかから興ってきた国民的な教育ではない。したがってロシアには、教育に関して並立する二種の国民がいることになる。だが現在、下層諸階級のもとでも、目覚しく勃興しつつある営業活動に刺激され支えられて、知的教育を求める力強い志向が目覚めている。この志向と強力な欲求とを正しく指導することは政府の最大の任務のひとつとなるであろう。この指導を担当することができるのはロシア教会だけであるが、それに属する聖職者自身がまずもってそれに必要なより実際的な教育を受けねばならない。ごく最近になってようやく政府の先導のもとに、これに向けて努力がなされている。

ロシアの国家的一体性と不分割を自然の必然性であると私は主張しなければならないのだが、同時に私は他面において、ロシア国家は征服的なものではありえずまたあってはならないと主張しなければならない。内的一体性と独立また安定した対外的地位の獲得が課題であるかぎり、ロシア国家は征服してきたしまた征服しなければならなかった。ロシアはなんといっても、バルト海や黒海の沿岸なしにはけっして良くまとまった、内部的に安定し外部に向かっては強力な国家たりえなかったのだ！だがこれ以上の征服はすべて現在すでに、ロシアにとって利益であり国力の伸張であるよりは負担となっている。国家の尊厳のためには、あらゆる負担の多い征服を放棄するほうが良いであろう！だがロシアが今後も引きつづき外部に向けて征服心を燃やせば、征服されるどの村も、測りがたい負担の増大と内部権力の弱体化とをもたらすであろう。ロシアはその国内征服になお百年以上を要するであろう！　ロシアはその国内の征服によってわずかな年月のうちに一〇〇〇万人もの信頼できる均質な臣民を獲得できるというのに、多くの軍隊で警備しなければならないような信頼できない一〇〇万人の臣民を外国の占領地で獲得してもなんの益があるだろうか？

ロシアにおける市民身分の不在について

ロシアに封鎖的な市民身分が存在しないことがロシアの社会事情のもっとも決定的な欠陥のひとつであると、私はすでに前に述べておいた。そのような封鎖的な市民身分は、その教育と社会的地位とによって、かの自治的でコルポラティーフな精神、かの尊敬すべき、自足した、誇り高い心情を育んできたのであり、その精神、心情がゲルマン的、ローマ的な諸民族においては中世以来の文化発展にきわめて大きく貢献してきたのである。

スラヴ諸民族の性格と歴史には、市民層の形成を妨げるようなひそかな諸関係が存在したかのようである。けだし、ロシア人のみならずその他のスラヴ諸民族にあっても、市民層の強力な自発的発展はどこにも認められないからである。ポーランド人も南スラヴ人も市民層を発展させなかった。そしてボヘミア人の場合は市民層はドイツ人から受け入れ、根づかせた制度であり、実際ボヘミアの大部分の都市には今日にいたるまでドイツ人が定住しているのである。

半世紀以上ものあいだにわたってロシア政府は、ロシアに市民層を形成しようと努力してきた。エカテリーナII世はドイツの模範にしたがって、ドイツ的な精神で、都市条例や都市制度に関わるその他幾多の法律を制定した。この立法はもともと失敗に終わった事業であり、期待された効果をまったくもたなかったと認めざるをえない。この立法が立脚していたドイツ的なコルポラツィオンの精神は、強固なアソツィアツィオンの精神をもつロシア人の国民性にとってまったく異質なものである。コルポラツィオンの精神はロシア国民の国民的風俗、社会的習慣、人生観と相容れないものであり、ロシア人のあいだにしっかり根を下ろすであろうとは思われないのである。

この二五年来強力に発展してきた工業―工場制度については事態は異なる。それは広汎に展開しており、中間階級の形成にたいして決定的で計り知れない影響を及ぼすであろうことは疑えない。だがその中間階級がどのようなかたちをとるかはまだまったく未知の未来に属する。

ロシア人はすべてのことにうまさと才能をもっている。ロシア人はおそらく、しかるべき生活上の地位を獲得するための実際的知恵をどの国民にもまして持ち合わせている。だがドイツ人の性格に特有の、自己の身分、生業、労働にたいする執着や愛情を、ロシア人はまったく知らない。真のドイツ人は彼の属する身分を愛する。彼は他の身分に転身したいとは思わない。ひとたび献身した手工業や営業を、彼は忠実に守りつづける。持続力と愛情となにがしかの誇りとをもって彼はそれを営む。それに熟達することを、彼は名誉とする。自らの手で首尾よく芸術的作品を作り上げることに、彼は喜びを感じる。そのようにして得た生活上の地位のなかに彼は、それに忠実であることを義務づけられた一種の神の摂理の呼びかけ（Beruf der Vorsehung）を見出すと信じる。

ロシア人の場合は異なる。少年が持ち合わせている多くの才能のうちのどれを、まず鍛錬させるかはたいていは偶然による。農場領主は彼の農奴の子供たちのなかから、だれが靴製造人、鍛冶工、料理人、書記等になるかをさっさと決めてしまう。もちろん慎重な農場領主なら、優れた手工業者を獲得するために、少年を手工業親方の下へ三年、四年から八年にいたる契約で修練と労働のために預けることもあろう。また軍では上官がさっさと、ためらうことなく、何人の兵士が鞍製造人、鍛冶工、車大工になるか、誰が音楽家になるか、誰が官房の書記になるかを命令する。そして彼らは命令されたとおりになる。しかもほとんどつねにやすやすとたくみに！ そしてこのようにして彼らは通常、きわめて堅実で最良の手工業者、労働者、芸術家になる。というのも、彼らは外的な権力によって決定され拘束されながら、ひとたびとりかかった職種にとどまりつづけるからである。これにたいして王領地農民の場合には、少年は最初の動機を両親、親戚から得るか、あるいは自ら職業を探し求める。しかし彼が手工業入りをしても、ドイツの手工業者が得るような教育、正規の親方のもとでの一定の修業期間、徒弟から職人を経て、最後に親方作品試験を経たのちに、同業者仲間から認められ大きな権利を与えられた親方へと上昇すること、は問題にならない。彼はなりゆきのままに、そこここでなにかを学び、なにかを見聞し、なにかを試み、発見し、収入を求める。自分の身分、自分の手工業にたいする愛や敬虔な感情についてはまったく問題にならない。彼は自分の仕事の価格についてなんら原則をもたず、得られるだけの価格を提示する。優れた、長持ちのする作品を提供しなければならないという義務感あるいは名誉感を彼は知らない。彼はもっぱら商品を提供するという外見だけで仕事をするのであり、それの評判はまったくどうでもいいのである。

ある手仕事でうまくいかない場合には、彼はさっさと他の手仕事あるいはなんらかの種類の商売に手を出す。靴屋もしくは仕立て屋を始めても廃業してしまい、たとえばコラチ屋（各種の焼き菓子を売って、ペテルブルクやモスクワの町を一日じゅう歩きまわっている）をはじめ、多少の利益を得て馬と馬車とを手に入れたのちには運送業者になって帝国じゅうを走りまわったりする。そのさい彼は小さな投機を行ない、行商を行なうかと思うと、最後にはどこかに定住し、運がよければたいそうな商人になることもある。調べてみれば、大商人や大工場主の経歴はたいてい似たようなものである。

だがロシア人が豊かな商人あるいは工場主になったとしても、彼がそれゆえにその身分やその営業を愛したりそれに執着したりすることはまったくない。彼はそれをもっぱら致富するための手段とのみ見る。彼に子供がある場合、たぶんそのうちのひとりだけにその営業を多少は教育するが、それは確実で忠実な仕事の助手を確保したいためにすぎない。その他の子供には軍人や役人になり、さらには貴族に上昇するための希望を彼らに吹き込むための教育を施す。貨幣欲と名誉欲はロシアであらゆる個性的な人間がつまずく障害である。下層民たる農民は愛すべく、心から善良であるが、彼が金のため、投機家や商人になるやいなや、堕落し、ひどい悪漢になる！

政府はこの異常に激しい職業上の変動の有害さを目の当たりにして、それを多少なりとも緩和するためにさまざまな試みを行なってきた。安定した市民身分を創造することが望まれている。名誉市民という制度に関する法律がその雄弁な証拠である。

呼び覚まされた工場活動は、もちろん市民層の安定性が増大することにある程度は貢献している。たんなる商人とくにロシア人の商人は、崇高な商人精神（Kaufmannsgeist）よりもはるかにはなはだしく、暴利をむさぼる小商人根性（Schacher-undKrämergeist）にとらわれており（したがってその数の多さのわりには帝国の対外交易に関与することが稀であり、[☆3] それをたいていはペテルブルクに在住するドイツ人やイギリス人の商人に委ねている）、ちょっとしたことがきっかけとなって簡単に店を閉じて、仕事をやめてしまうのである。工場主はそうではない。工場はある種の安定性を必要とする。それは農場所有によく似ている。そこには建物や機械といった多大な物的不動産資本が投下されているが、同時にまた同じくらいに多大な人間の労働－精神諸力も投下されているのである。したがってそれの全体を解散するのははるかに困難であり、つねに多大の損失を伴うのである。そのさい、工場主になるには商人になるよりも、はるかに広い能力と大きな学習と多面的な教育が必要とされる。工場が安定的に存続するために、工場主はその子供たちをその業務に向けて教育しなければならない。この教育にさいしてはしっかりした知識が要求されるのであり、ひとたびこの知識が得られれば、それはその知識の応用が求められるその業務にたいするある種の愛をすべての人に生み出さないではおかない。こうしてロシアにおいても、工場主身分のうちに徐々にではあれ、少なくとももより高次の市民身分の萌芽が芽生えてくることが期待されうるのである。

しかしなんといっても本来の核心である下層のもしくは低位の市民身分がいまなお存在しない。上層の市民身分がロシアではつねに遅かれ早かれ貴族と一体化してしまう一方、名誉に値し数的にも多

☆3　キャフタにおける中国との茶貿易のみはロシア人商人の手中にある。

い下層の市民身分の形成については当面のところまったく希望がないのである。手工業者、小商人、小営業者など、それを代表する諸階級はロシアではまったく衰退している。

したがって私は、厳格なツンフト制度によってこれらの諸階級をこの衰退から救出することを実行不可能であると考える。けだし、すでにのべたようにロシア人の国民性にとってコルポラティーフなツンフト精神やツンフト制度はまったく異質であるからだ。せいぜい範例や張り合いや競争がこれらの諸階級に良い影響を及ぼしてきた。ほとんどの大都市にもドイツ人の手工業者がおり、ロシア人がある手工業製品を特別に誉めそやしたいときには、彼はそれをドイツの作品であると言う。競争や範例もまたところどころでロシアの手工業者をしいて、堅実に仕事をさせ、正当な価格を付けさせ始めている。

残念ながら最近では次のようなコメントをせざるをえない。すなわち、新たに移住してくるドイツの手工業者が、旧来からの名声と堅実さと名誉ある態度を維持しようとはせず、一部はほら吹きとなり、信頼できなくなっているのである！

手工業製品生産の真にロシア的な形態は、工場的に組織された手工業共同体である。村や小村の全体が、というよりはむしろその住民の全員が、同一の手工業を営む。長靴しか生産しない村がある。机と椅子しか生産しない村もある。さらに壺しか生産しない村がある、等々である。一家族あるいはいくつかの家族が分業をして、工場的に生産し、大都市や市場に店舗を構えている。この種の手工業活動はロシア帝国のいたるところに存在し、真に国民的である。総じてロシア人は優れた工場労働者であるが、劣悪な手工業者である。彼らは手工業アソツィアツィオンを愛するが、手工業コルポラツイオンを愛さない。

ドイツの都市とくにベルリンの屋根裏部屋や居住用地下室に住んでいるようないわゆる細民がモスクワにはいない。モスクワでは居住用地下室をまったく見かけなかった。賃貸しの屋根裏部屋はあるが稀なものにすぎない。だが以前にも賤民もモスクワにはまったくいなかったし、現在も端緒的な者が少数いるだけである！　以前には、ロシアでは細民には次の二階級があったのみである。第一に、彼らは農民に属しどこかの共同体に属した。その場合、彼らはつねに他の共同体成員のすべてと同様、一定の土地保有権をもつ。第二に彼らは下僕であって、いずれかの領主に属し、領主が住居、衣類、食料を与えてくれた。郷土のない民、土地をもたない民、あるいは扶養義務を負う領主のない民、総じて天涯孤独の民は存在しなかった。

兵士になることもロシアで自由を獲得する形態のひとつである。農奴は兵士になると、そのことによって領主から解放される。別れを告げると彼は完全に自由な人間となるが、それはがんらい空中の鳥のような自由である！　以前には兵士はあらゆる市民的な生活諸事情から、しかも永久に、切り離された！　二五年間の勤務年限ののちにふたたび市民生活に戻る兵士はわずかでしかなかった。彼はきわめて稀にしか新しい家族を形成することはなく、広大な帝国のなかをばらばらにひとりぼっちでさまよったのである。彼を将来のプロレタリアートの萌芽であり基礎であるとみることはできなかった。現皇帝は勤務年限を短縮し、一定年限内に兵士を市民生活に復帰させるための休暇制度を導入したが、しかし共同体、家族、領主にたいする彼の以前の結びつきを回復させることはなかった！　それは危険な実験である。ロシアでいま始めて賤民の、来たるべきプロレタリアートの成立の萌芽が芽

生えているのである。☆4

ミール共同体における土地割替えについて

ロシアの村落共同体における土地配分については、次のようなメモがもたらされた。原則は次の通りである。ある村落共同体の全住民がひとつの単位と見なされ、耕地、採草地、放牧地、森林、小川、小水路等の広義の農用地の全体がそれに属する。ところで生存するすべての男子人頭は地所利用のすべてにたいするまったく平等の分け前を要求する権利をもつ。したがってこの分け前は原則に従ってたえず変動する。けだし共同体成員の家族に新たに生まれた少年はみな新たな権利をもって新参し、自己の分け前を要求するが、反面、死亡した共同体成員の分け前は共同体へと返還されるからである。森林、放牧地、狩猟地、漁場は不分割のままにとどまり、誰もが平等の用益権をもつ。だが耕地と採草地は実際にすべての男子人頭のあいだで、同じ価値になるように配分される。だがもちろんこのような均等な土地配分はきわめて困難なことである。全耕地は上質、中質、劣等の地所から成り立っており、あるものは遠くに、他のものは近くに位置している。各人にとって便利さが異なる。これをどうして均等配分するのか？　困難は大きい。だがロシア人はやすやすとそれを克服する。どの共同体にも伝統的な教育を受けた、老練な専門家の農地測量士がいて、注意深く仕事をし、誰もがそれに満足するのである。まず最初に農用地が、遠地か近地か、地味が良いか悪いかにしたがって、あるいは以前に行なわれた全体査定にしたがって、耕区に分けられ、各耕区がある程度まで、右の見地から見て均質な構成部分をなすようにされる。次いで、各耕区が共同体の分け前参加者数に応じて、長い地条のなかの地条に分割され、次いで参加者のあいだでくじ引きが行なわれる。[☆5] これが一般的な原則であるが、しかし各地方ごとに、またしばしば各共同体ごとに、地方的慣行、相違、特殊なやりかたが存在する。これらを収集するのはきわめて興味深いことにちがいない！[☆6] たとえばヤロスラヴリ県では、多くの共同体においてほとんど神聖なものとして維持されている独特の測量棒がある。この測量棒の長さは耕地の質の良さや地味の良さに対応しており、したがってたとえば最良の土地のための測量棒はもっとも短く、中位の土地のためのそれはやや長くなり、最劣等地のためのそれはもっとも長い。したがって全地片はまったくさまざまな広さのものからなっているのであるが、まさしくそのこ

☆4　ある新条例によって、退役した兵士は誰でも随意の王領地共同体に所属することを許されている。そしてその共同体は彼を受け入れ、土地配分に参加させることを義務づけられている。しかしながら兵士は条例の意図通りにこの権利を用いようとはしない。彼らは共同体に加入はするが、農民にはけっしてならない！

☆5　土地配分とくじ引きにさいしては、通常、女性や子供をふくむ全村落が集合するが、きわめて大きな秩序と静けさとが支配している。争いはけっして起こらない。最大限の正義と公明さとが支配している。誰かの割り当て分が不十分であると思われるさいには、予備地から追加分が付け足される。

☆6　大臣キセリョーフはヴォロネジ県のいくつかの地方において、科学的な教育を受けた測量技師と査定士による測量と査定を行なわせた。そうして伝統的な方法と比較した結果、共同体の測量士によるこうした測量と査定は、かの科学的原理に裏づけられた測量や査定と三ないし四％しか異ならなかったのである。この場合、結局のところどちらが正しかったのかはわかったものではない！

とによって、その価値において均等化され、まったく平等のものとなるのである。

われわれはここで農用地を所有する自由なロシアの共同体を念頭においてきた。こうした自由な共同体は現実にもロシアに多数存在する。たとえばコサックの共同体はすべてこれに属する。だが共同体が農用地を所有するか、あるいは王領地共同体の場合のようにたんに保有するにすぎないか、あるいは農奴の共同体の場合のようにたんに用益するにすぎないかは、原理的に言ってまったくなんの違いでもない。

人頭に従った均等配分の原理は原スラヴ的なものである。この原理は不分割の家族総有とそのつどの用益権の単純な分割というスラヴ人の最古の法原則に発しており、おそらくすべてのスラヴ諸民族に認められたものである。この最古の原則はいまなおおそらくセルビア人、クロアチア人、スラヴォニア人のもとに認められる。そこではときとして、土地の年次の割替えさえ行なわれず、土地の耕作は「長老」の指導のもと共同体全体で行なわれ、収穫だけが共同体構成員のもとで均等に分配されるのである。

この原理はロシアでは、以前に大ロシアで一般的であっただけではなく、現在もなお大部分がオブロク（貨幣貢租）を課されている農奴である農民のもとでさえ支配している。だが賦役を課されている農奴のもとでは変容を被っている。賦役経済の最古の形態および現在もなお大ロシアでは農民がもはやオブロクを納めることができなくなったために、たいていの場合はやむをえず領主が自前の領主経営を始める場合の通常の形態は、農用地の一部分、たいていは耕地の四分の一もしくは三分の一を分離し、これを領主農場経営用であると言明するものである。その場合には農民は残りの四分の三ないしは三分の二を自分たちの用益と扶養のための土地として受け取り、それにたいして農場領主の土地を完全に無償で耕作しなければならない。すなわち施肥し、犂耕し、鋤を入れ、播種し（けれどもそのために領主が種子を与える）、収穫し、販売のために運搬し、その他すべてのことを自前で行なわなければならない。この粗野な形態においては農場領主は経営用具類、従業員、それどころか管理者をさえなおまったくもたない。（村落長老が通常管理者として勤める。）農場館もなく、あるのはおそらく納屋と穀物乾燥室のみである。このような事情のもとでは農民は貢租を納入せず、かの三分の一ないしは四分の一の農地の耕作に必要な労働によって測定された賦役を行なうのである。乱用を防ぐために政府は、賦役が一週間に三日を越えることがあってはならないと厳命した。

　ところでこの賦役経済は共同体における土地配分にも規定的な影響を及ぼす。オブロク制度のもとでは、すでに述べたように、すべての男子人頭は平等の土地割当てを受ける（未成年の少年のために父親がそれを受ける）が、それと引き換えにすべての男子人頭はまた同じ高さの貢租（オブロク）の割当てを引き受けねばならない。賦役経済の場合には少年や高齢者は、当然にも働くことができないから、負担を引き受けることができない。すなわち賦役を遂行することができない。したがって彼らはまた賦役の対価として人びとに委ねられる土地にたいする要求を掲げることができない。したがって土地配分について異なった原理が登場せねばならない。この原理とはチャグロによるものである。

　チャグロという言葉の意味は充分に明確ではなく、少なくとも翻訳しがたいものである。それをたんに夫婦であるとはいえないし、また家族という意味であるともいえない。この概念は両者の中間にってもつ。たとえばある農民が財産のない父親、ひとりの成人した息子および何人かの未成人の息子をもっているとしよう。そうするとこれら全体は一チャグロをなすにすぎず、一単位の賦役を行なえばすみ、受ける土地配分は一である。ところで彼の息子が結婚し、その後も父親の家にとどまり、所帯をともにしつづけるとしよう。いまやこの家族は二チャグロをかたちづくることとなり、倍の単位の賦役を負担しなければならず、受ける土地配分も二となる。こうして結婚はつねにチャグロ形成の開始を意味し、したがって互いに対立し、相異なる、しばしば縺れ合い、錯綜した利害をもつ三者からなる当事者［農場領主、共同体、家父長］がこの結婚を促進することとなる。農場領主は通常、できるだけ多くのチャグロをもつことに大きな利害をもっている。彼の領地所有が狭小すぎる場合にのみ、賦役を行なう共同体の過多は煩わしいものとなりかねない。そうなれば彼は養うことのできる以上の数の労働力をもつこととなろうし、土地配分が過少となり農民がそれで生活できなくなるなら、土地を買い足すか、あるいは過剰人口にたいして別の生活手段を与えてやらねばならなくなるであろう。だがこうしたケースは現在のところはほとんどありえないであろう。工業がいたるところで発達しつつあるので、彼は過剰人口を工場主にゆだねるか、あるいは農民にオブロクを課して旅券を与え、労働者、手工業者、小商人、車力として外部へ流出させるであろう。

共同体もまたチャグロの形成に利害をもちうる。共同体が充分な広さの土地を、たとえばこれまでの共同体成員が自力でしかも有利に耕すことができる以上の広さの土地をもっている場合には、労働力つまりチャグロの増加はすべて、それによって賦役が軽減されるので、もっぱらみんなの利益となる。

最後に家父長自身がたいていの場合、息子たちが結婚して新しいチャグロを形成することに最大限の利益をもつ。すなわち、家父長である父親が存命するかぎり、息子たちは結婚しても父親の家にとどまり、自分たちの家族、自分たちの所帯を形成しないのがロシアの習慣なのである。[☆7] したがって結婚はすべて、家父長にとって最大限の利益になる。つまり、それによって彼は新しい土地割当てを得る。たしかにそれによって賦役負担もまた増大するにちがいないが、嫁を労働力として獲得することによって、それは完全に克服できるのである。したがって、嫁がやってくることは、たとえ彼女が貧しく健康だけがとりえであったとしても、家族にとって大きな幸運なのである。(これもまた、すでに述べた女性の恵まれた地位の一契機である。ここではそれはロシア民族のもっとも深い部分に根差している!)

したがって、これらの相互に関連する諸利害は途方もなく結婚を促進する。したがって、未婚のままにとどまることはロシアの庶民のあいだではほとんどありえないことである。早婚へのこのような

☆7　ロシアの農民ほど家族員数の多いことを恩恵であると考える者はどこにもない！　息子たちは家父長のためにつねに新しい土地割当てを獲得してくれる。娘たちは切望されてやまない労働力なので、持参金が求められることは稀であり、それどころか婿の側から支度金を支払うことさえある。西欧では下層諸身分の者にとっては子沢山はこのうえない負担であり悩みの種であるが、ロシアでは子沢山は農民にとって最大の富なのである！　したがってまたロシアでは人口の急成長が起こっているのであり、飲食や育児、世話がきわめてなおざりである結果として乳児の死亡率が高くなっているために、それ以上の人口急上昇が抑えられているにすぎない。ロシアの結婚は異常に出産率が高く、一〇人ないし一二人の子供は普通のことであるが、成人する者は三分の一に満たない！

圧力は、近年にいたるまでつづいているきわめて特異な弊害を生み出すきっかけとなった。少年はきわめて早く結婚する。その結果として、ヴィッヒェルハウスがそのモスクワ記のなかで、二四歳のたくましい妻が自分をめとった六歳のかわいい夫（坊や）を抱っこして往来しているのをしばしば目撃したと記しているようなことにもなる。[☆8] 私の聞いたところでは、政府は近年一八歳未満の男子が結婚するのを厳禁したとのことであり、現在ではこの弊害は消滅したように見える。

以上に述べたような諸事情が、この世に存在するもっとも注目すべき、もっとも興味深い政治機関のひとつであるロシアの共同体制度の基礎をなしている！　それは明らかにこの国の国内の社会状態にたいして計り知れない利益をもたらしている。ロシアの共同体には有機的な関連が存在し、どこにもみられないほどの緊密な社会的な力と秩序がそこにはある。それはロシアにおいて次のような計り知れない利益を保証している。つまり、ロシアには現在にいたるまでプロレタリアートが存在せず、また共同体制度が存在するかぎりプロレタリアートは存在しえないのである！　誰もが貧しくなりうる。誰もが個人的にはすべてを浪費しつくすことがありうる。だがそれが彼の子供たちに害を与えることはない。彼らは共同体分け前を保持しているか、あるいは新たに獲得する。けだし彼らはその権利を父親から引き出すのではなく、共同体成員として生まれ落ちたことのおかげである自己の独自の権利からその分け前を要求するからである。つまり子供たちは父親の貧困を受け継がないのである。

だが他方においてはまた、この共同体制度の基礎である平等の土地配分にあっては、農業進歩の諸条件が存在せず、あるいは少なくともこの進歩がきわめて困難になるということを認めざるをえない。おそらく農耕と農業のあらゆる分野がそれによって長らく低い水準におし留められることとなろう。

合理的な農業がロシアの農村民のもとで著しく進歩することが課題となるときに、この共同体制度がはたして存続するであろうか？　この問いに誰が答えることができよう！　たとえばフォン・カルノヴィッチ氏のような合理的な農業者たちはこの点に関して悲観的な意見を表明し、共同体の原則が厳密に適用されるならば農業は進歩しえないという。だがこれがまさしく問題の点である。この原則はもちろんどこにおいても廃止されてはいないけれども、すでに長らく厳密には適用されなくなっているのである。それは自然なかたちで、望ましく、有利な仕方で修正されつつある。ロシアの農民は全体として、現実の利害に関わる問題については、おそらく他のどの国民よりもはるかに自然で実際的な悟性を持ち合わせている！　彼らは共同体のシステムの厳格な遂行がどのような弊害と不都合とをもたらすかをとっくに見抜いている。私がフォン・カルノヴィッチ氏に、毎年土地が共同体構成員のあいだで新規に割り替えられているところが実際にあるかどうかをたずねたところ、彼はそれをきっぱりと否定したのであり、それは他の多くのところでも裏づけられたのである。ロシアの多くの地方で多様な修正が起こっていると思われる。その修正はこの地方いなおそらくヤロスラヴリ県全体にわたって次のようにして行なわれている。

☆8　まだ子供である少年に適齢の若い女性がめあわされるこの早婚にあっては、決まってスキャンダラスな関係が発生した。つまり結婚後、義父と嫁とが内縁関係をもったのである。この関係は世代から世代へとつづいたため、これをそもそも近親相姦であったとはいいえない。少年が成人したときには、妻はすでに老婆となっていたのであり、夫はその後、彼女とではなく、父親がしたのと同様、六歳の息子の妻である嫁と床を共にしたのである。

周知の通り、ロシアでは人頭税を徴収し徴兵を行なうために、一定の時間的間隔をおいて人口調査を行なうことが定められている。それはレヴィーズィアと呼ばれ、ピョートル一世いらい、したがって約一三〇年のあいだに八回行なわれた。この期間についてはたしかに、人口調査年には共同体において新たな土地割替えが行なわれねばならないと規定されている。もしこうした規定がなかったならば、農民は少なくともこの地方ではそうした調査年にさえ新たな割替えを行なわなかったであろう。というのも、それが彼らにとっていかに不愉快で益のないものであるかが、それに付けられたあだ名から明らかであるからである。つまり彼らはそれを黒い割替え（チョールヌィ・ペレヂェール）（黒い、悪い割替え）と呼ぶのである！　ところで先の人口調査にさいしてはこの地方では割替えは次のようなやりかたで行なわれた（そしてこのやりかたはおそらく確実にロシアの多くの地方でも取られたにちがいない方法である！）。

　まず最初に共同体の専門測量士によって農用地が測量され、査定され、各耕区が一定の数の地条に分割される。王領地の共同体ではほぼ調査人口の数が、また采領地や私領地の共同体ではチャグロ数が念頭に置かれるが、ありうる人口増加に備えて若干の追加地が用意され、これが共同体の予備地となる。また道路や墓地や川岸等によってもたらされるまったく不規則な形態で測定が容易でない土地については、そのなかから規則的な形態をもった土地だけが割替え用に取り出され、こうして作られる地条や端地や角地等の追加部分も予備地となり、苦情があらわれたさいにはこれによって調整される。これはザポロスキと呼ばれる。ところでくじ引きによって割り当てられる土地は各人に委ねられるが、右の予備地は共同体によって小作に出されるかあるいはその他の仕方で利用される。のちに男の子が生まれるかあるいは新しいチャグロが形成されると、予備地から新しい割当て地が作り出され、割り当てられる。誰かが死亡すると、その人の割当て地は返還されて予備地となるが、たとえば生前父親に属していた土地が息子に委ねられ、こうして既存の農業経済の構成に変更が起こらないよう、混乱が起こらないよう、できうるかぎり配慮される。これもまた、家族が好んで不分割のまま同一の経済のなかに留まりたがるのはなぜかということの理由のひとつである！　実際父親が死亡すると、しばしば長男が家父長として父親の跡を継ぎ、父親のように見なされ、父親同様に敬愛され、こうして経済全体が不分割のまま存続するのである。

ここからわかるように、この土地割替えは実際には、その原理に即して理論的に考えられがちであるほど、農業の進歩に害を与えないのである。ある土地の所有者でないか、あるいは少なくとも一定の長期にわたってその土地を利用できる確かな見通しがない場合には、高度の農耕を基礎づけるための土地改良は行なわれず、資本も投下されないであろうと、人は言うであろう！　ロシアでは土地の占有者はとにもかくにも、その土地をある人口調査から次の人口調査まで、したがって一〇年間から一五年間のあいだ保有するかなり確実な見通しをもちうる、ということをすでに述べた。もちろんこれまでのところ土地改良の事情は総じてロシアではまだあまり考察されていない。たとえば西欧やドイツでは耕地そのものの価値はたいていの場合、経営全体の価値の三分の二を上回ることがなく、残る三分の一の価値は経営用家財用具一式ならびに土地改良費である。したがって、少なくとも一定の年限のあいだ土地を維持することができ、その年限が過ぎたのちに土地改良に要した費用の償却を受けられることが保障されていなければ、もちろん自分の財産の三分の一を失うことがありうるであろう。肥料代、犂の借賃、播種用種子代を全部失い、私の家畜財産はひどく劣化するかもしれないし、農場用の家財用具一式は部分的に不要となるか使い物にならなくなるかもしれない、等々である。たとえばドイツで五〇〇モルゲンの耕地、一〇〇モルゲンの採草地、一〇モルゲンの庭畑地からなる農場をある年の六月一日に買うとしよう。そうするとそれらの査定価格は比率的に言ってたとえば次のようになるであろう。

(1) 耕地そのもの――二〇〇〇〇ライヒスターラー
(2) 採草地――九〇〇〇
(3) 庭畑地――一〇〇〇
(4) 肥料、犂借用賃、播種用種子代――三〇〇〇
(5) 採草地改良費――五〇〇
(6) 果樹等、庭畑地改良費――五〇〇
(7) 家畜財産および農場用家財用具一式――六〇〇〇
(8) 経営用建物――六〇〇〇
合計　四六〇〇〇ライヒスターラー

これらのうち三〇〇〇〇ライヒスターラーの価値をもつ(1)、(2)、(3)の項目はいつでも取り戻すことのできる部分であるが、四〇〇〇ライヒスターラーの価値をもつ(4)、(5)、(6)の項目はまったく消失する怖れのあるものであり、また一二〇〇〇ライヒスターラーの価値をもつ(7)、(8)の項目は計算しがたい損害を被る怖れのあるものである。

このような計算はロシアでは成立しえない。ロシア帝国の中央部の黒土地帯では土地の肥沃度がきわめて高いので、土地にはおよそ施肥されることがない。犂耕されるのは一回限りであり、地表に鋤を入れることさえないこともしばしばである。したがって肥料代や犂借用費に当てる資本はほとんどまったくなくてすむ。一ベルリン・シェッフェルの穀物が廉価の年に一二銀グロッシェンすることを考えれば、播種用種子代の資本もほとんど言うに足りない。採草地の改良や果樹はほとんどどこにもない。牧羊は農民のもとではきわめて稀である。牛類飼育はわずかであり、馬は安価である。ヤロスラヴリ県では良質の農耕馬の通常の価格は五〇ないし六〇銀行ルーブル（＝一五ないし一八ライヒスターラー）であることを考えれば、経営用家財用具一式に投下される資本がいかにわずかであるかがわかるであろう。ロシアの農民には家屋費もほとんどかからない。建築用材は共同体の森林でただで採取できる。どの農民も家屋を独力で完全に組み立て、仕上げるのであり、そうした家屋は現金で五ライヒスターラーもかからない！　それゆえドイツでは土地の評価に当たっては、土地そのもの以外にさらに経営用家財用具一式や土地改良のための少なからぬ資本が算入されるのであるが、ロシアの大部分の地域ではそれはほとんど問題にならない。それゆえにロシアでは土地利用の安定性は、それ以外のヨーロッパにおけるような重要性をまったくもたないのである。

ロシアの大部分の地域では土地は総じて、それ自体としてあまり価値をもたない。ここでは土地は人間の勤労の土台をなすにすぎない。したがって最近にいたるまで、あらゆる購買契約、贈与、遺言はもっぱら農民家族を対象としてなされた。N村の何名かの農民が売却され分配された。土地は［経済的価値が小さいために、いわば空気や水と同様］人間の付属物でしかなかった。［これとは対照的に人間が経済的価値の大きい土地の付属物となっているドイツ農村については、例えば論説Iの一、註34のブレンターノのメーザー批判やヴィティッヒの議論を見られたい。」

土地が内包的な価値をもつにいたり、したがって価格上昇を呼び起こすかどうか、言いかえれば農耕が進歩し繁栄するにいたるかどうかは、ロシアにとっては将来の問題であるが、私は近い将来にはそうはならないと思う。ロシアでは農業と工場工業とが不調和の関係にあると、私はすでに先に述べておいた。農業は現在のようにほとんど地代を生まないかぎり、けっして繁栄しないであろう。そして人為的に創出された工場制度がその自然的な限界にまで引き戻されないかぎり、あるいは人口が増加して労働力の余剰が生まれないかぎり、農業はわずかな地代しか生まないであろう。ヨーロッパの他の諸国では、工場は農業にはもはや利用できない余剰人口をしか用いていない。ロシアでは逆に工場や産業で余剰となりあるいは利用できなくなって排除された労働力のみが農業に用いられている！

したがって、ロシアの共同体成員のあいだでの均等な土地配分は、私の確信するところでは、全社会的にまた現今の農耕状態にきわめて適合的なものなのであるが、それはまたそれ自体として進歩を妨げる条件を内包しているものでもない。もっぱらロシアの農民にやらせて、人口調査年に「黒い割替え！」をけっして強制しないがいい。何が重要かを彼らが一番良く知っているのだ。彼らはすでに自ら必要な原理の修正に踏み出しており、将来さらに必要な修正点を見出すであろう！☆9 政府の不必要な過剰介入にたいして警告すべきはおそらくこの点においてであると思われる。

土地所有について言えば、現在ヨーロッパには三つの異なった原理が並び立っている。それらの三原理は三つの国において鮮明に表現されており、その他の諸国においてはそれらの原理は修正されたり、相互に混ざり合ったりしている。

イギリスには次のような原理が支配している。それは、土地の分割はできうるかぎり回避しなければならず、農業は必要な最小限の人数で行なうべきであり、その場合にのみ、農業は力強く発展し繁栄するであろう、というものである。したがって、(巨大経営ではないにせよ)大領地経済が全土にわたって営まれることとなる。そうした大領地経済はそこに働くすべての人びとに年間を通じて労働を確保できる、というのが長所である。人間の諸力からなる労働資本が失われることがない! 大規模な領地経済においてのみ、適切に効果的な仕方で土地改良が力強くまた持続的に実施され、維持されることが可能である。

このシステムの結果として、比較的に見てイギリスほど高度の農耕が支配し、農業が繁栄している国はない。比較的に見てイギリスほど家畜飼育が充実しており、したがって多くの肥料が産出され、農業の集約性が高まっている国はない。イギリス人口の三分の一弱が農業に従事している。だがなにがしかの土地や一軒の家屋をさえ持ち合わせているのは、イギリス人口の十分の一にすぎない。したがって、イギリスにはきわめて豊かな人びとや百万長者さえいるとはいえ、人口の一〇分の九はプ、ロ、レ、タ、リ、ア、ー、ト、なのである。このような事情がイギリスの社会状態に及ぼす脅威は見違えようがないで

☆9　のちにくわしく述べるつもりであるが、私はサラトフ県でドイツ人入植地を訪問した。入植者たちはドイツの習慣と法観念とに従った土地の相続制度を携えてロシアにきた。この制度は政府によって許されたのみならず、地域に特別の条例によって規定されさえした。だが彼らは政府に訴えつづけて、ついに共同体における均等な土地配分というロシア的原理の導入を許可された。彼らの生存にとってそれが圧倒的に有利だったのだ!

あろう！

第二の原理はフランスによって代表されている。それは途方もない革命の結果としてようやく形成され確立したものである。その原則は以下の通りである。それは、農業は自由な営業であり、あらゆる土地は分割可能でなければならず、誰でもそれを自由に獲得することができなければならない、というものである。言いかえれば、土地は商品でなければならず、鋳貨のように手から手へと渡らねばならない。その結果として国土の土地は無数の小所有地に分割されている。イギリスに約四〇〇、〇〇〇の所有地を数えたとすれば、フランスの地理的な広さを勘案すれば、同率であればフランスの所有地数は約一、四〇〇、〇〇〇であるはずであろう。だがそれは一八三一年には少なくとも一〇、四〇四、一二一を下回らない。つまり二六倍も多いのである！　人口の三分の二以上が農業に従事している。その結果に関連して、私はイギリスの旅行家アーサー・ヤングの物語っている、彼自身が体験したというある逸話をお話ししたいと思う。彼はフランスの農道で四羽の鶏を携えた農夫に出会った。どこへ行くのかというヤングの質問に、四里離れた町へ鶏を売りに行くところだと農夫は答えた。ヤングはさらに、いくらで売りたいと思っているかと尋ねた。答え。できれば二四スーで。質問。もし誰かに雇われたとしたら、日給はいくらか？　答え。やはり二四スー。質問。それならなぜ二四スーを稼ぐことができる家に留まって、二四スーの価値のある鶏を取っておいて、折を見て自家消費しないのか？　答え。もちろん仕事があれば日に二四スー取るのだが、あいにくいまは仕事がないのだ！私の村では誰もが家と庭と一条の土地をもっているが、それでは年のうち四分の一しか働けない。副業は言うに足りず、したがって補助労働者を求めて日給を出す必要のある人など誰もいない！——この逸話はフランスの事情について瞥見させてくれる。あまりにも零細な農業は、副業がない場合には、年間を通じて充分の労働を行なう機会を与えない。そうなると多大の労働力が遊休することとなる。またあまりにも零細な農業は有意義で継続的な土地改良を行なうために必要な労働力と資金とを与えない。庭畑農業（鍬による耕作）は繁栄しうるが、本来の農業は繁栄しない。家畜が足りず、したがってあらゆる進歩の基礎である肥料が足りない。それゆえにアーサー・ヤングはまたきわめて適切にこう指摘する。フランス人は良質の土地を上手に耕すが、中位の土地の耕作はうまくなく、劣等地はまったく耕せない。ところでフランスをイギリスと比べてみると、平均的に言ってフランスはより良質の土地をもっているにもかかわらず、農業に関してはイギリスにはとうていかなわないのである。イギリスでは農地のほとんど半分が家畜の飼育のために当てられているが、フランスではそれは十分の一に満たない。家畜のこの数量がどのように強力な力を農業に与えているかは明らかである。したがってまたイギリスでは全食料の消費全体の半分が肉からなっているが、フランスではそれが四分の一にすぎない。一八一二年度の政府報告によれば、フランスの農村在住者のひとり当たり年間の肉消費が一九ポンド弱であったが、イギリスでは少なくとも二二〇ポンドであった。

イギリスは農業や農耕に関してはフランスよりもはるかに繁栄した国であるが、反面フランスにははるかにわずかのプロレタリアートしかいない。だがフランスのプロレタリアートはイギリスのプロレタリアートよりもはるかにエネルギッシュで危険である。イギリスでは財産所有者と無産者とのあいだに厳格な境界が存在する。無産者は、法秩序が維持されているかぎり財産を獲得する要求権も希望ももたない。そうした場合にはたいていの人間は容易に現状に甘んじるものである。達成しえない目標に向かって努力する人は稀である！　ところがフランスでは財産獲得への道が完全に開かれており自由である。それは努力、利口さ、幸運の賜物であり、したがって誰もがそれに向かって突進する。あらゆる諸事情の絶えざる変動が目に見えるものとなる。貧困と富裕とが、イギリスでは相互に威嚇しながらとはいえ、かなり平静に共存しているが、フランスではあからさまの戦争状態のなかで相互に対峙しているのだ！

ドイツはイギリスとフランスとの中間に位置している。ドイツにはイギリスに見られるような土地所有の完全に硬直した拘束と不分割のシステムがないし、またフランスに見られるようなあらゆる土地のルースな非拘束と完全な分割可能のシステムもない。ドイツでは比較的に大規模な領地はたいていは、一部は法的に、一部は慣習的に、不分割である。小規模な土地所有の場合は、地方によって異なる。すなわち、フランスのように非拘束で分割可能な地方もあれば、分割可能ではあるが共同体構成員のもとでのみそうである地方もある。さらに別の地方では一部の土地は分割可能であるが、他の土地は封鎖的な農民農場として不分割である。またさらに別の地方では（ただしこれは稀である！）すべての土地が不分割である。最古の慣習、諸邦ごとに異なった行政諸原則、土地の質、耕作の仕方の相違、自然的ならびに次第に形成された諸利害がこうした状態を呼び起こし、作り上げたのであり、それは全体として良い状態であると言って良い。農業はイギリスのように全般的に均等な高度の発展段階には達していないが、フランスよりははるかに高度の発展を示している。プロレタリアートがいるのは都市だけであって、農村には少ない。

第三の原理はロシアによって示されている。フランスは土地の分割可能性の原理を提起している。

ロシアははるかに前へ進んでいる。ロシアは土地をたえず分割する。フランスは自由競争の原理を提起する。フランスはすべての土地が誰でも貨幣で買える商品とみられるような状態をめざしている。ロシアはすべての人の子供たちに土地利用に与れる権利を認める。しかもすべての共同体においてまったく平等にである。フランスでは土地は各個人の純粋な私有財産である。ところがロシアでは土地は民衆とそのミクロコスモスである共同体の財産である。各人はそのつどの利用権を他の人びととまったく平等にもつにすぎない。このシステムのもとではイギリスに見られるほどの土地耕作の高度の発展段階は達成しがたいことは認めねばならない。ドイツほどの発展もむずかしいであろう。だが私見によれば、フランスの達した程度の段階なら、社会諸事情のいくつかの他の条件が充たされ、右に見たようなある種の障害が取り除かれるならば、達成可能である。

われわれの結論はこうである。ロシアは、いま現在ヨーロッパを脅かしている革命的な諸傾向、大衆貧困（パウペリスムス）、プロレタリアート、共産主義や社会主義の教義におびえないですんでいる。それというのもロシアはこの傾向を阻止する健全な有機体［土地割替え共同体］を持ち合わせているからである。

その他のヨーロッパでは事態は異なる！　大衆貧困とプロレタリアートは近代国家という有機体が生んだ腫瘍なのだ。それは治癒しうるであろうか？　共産主義的な偽医師たちは現存の有機体の完全な破壊と絶滅を提案している。白紙（タブラ・ラーサ）の上に新たな建物を建てるのが一番良い、と。だが死はけっして生を生まないのだ！　確かなことがひとつある。それは、もしこれらの人びとが行動力を獲得するならば、起こるのは政治革命ではなく社会革命であり、あらゆる財産にたいする戦争であり、完全なアナーキーである、ということである。そうなった場合、新たな民族国家が形成されるのか、それはどのような道徳的、社会的な土台の上にであるか？　誰が未来のカーテンを押し上げるのか？

　そのさいロシアはどのような役割を引き受けるであろうか？　私は岸辺に座って風待ちをしている、とロシアの諺は言う。

III　比較農民史の射程

一、ゲーテが敬愛した文人政治家メーザー

世界には〝知る人ぞ知る〟という、傑出した歴史上の人物がいる。ユストゥス・メーザー（一七二〇〜九四年）もそのひとりだろう。メーザーは、北西ドイツの小領邦国家であるオスナブリュック司教領の文人政治家である。名家に生まれ才能にも恵まれたメーザーは、政府書記官の地位に上りつめて、政治の中枢を担うとともに多彩な文筆活動を行なった。

フランス文化を偏重するプロイセン国王フリードリヒ大王を相手に、ドイツ語とドイツ文学を擁護する論争も行なっている。創作家であると同時に主著『オスナブリュック史』を著した歴史家であり、とりわけ経済に精通したドイツ経済思想史上の巨人でもあった。

こうしたメーザーの業績と人柄を絶賛したもうひとりの偉人が、ワイマールの同じく文人政治家ゲーテである。

約三〇年後に出生したゲーテはメーザーについて、『詩と真実』で「かぎりない崇拝の念を覚えた」「青年に、彼はきわめて大きな影響を与えた」（河原忠彦訳）と述べている。

また、『詩と真実』には、次のような場面がある。一七七四年、ゲーテがワイマール公カール・ア

ウグストに会ったさい、ワイマール公の部屋の机上に、刊行直後のメーザーの著作が置かれていた。それが会話の糸口になったというのだ。メーザーとゲーテに関しては、坂井榮八郎氏の『ユストゥス・メーザーの世界』（刀水書房）にくわしい。ご参照いただければと思う。

ゲーテはのちにワイマールに移住するが、その契機となった可能性の高いこの本こそ、メーザーの経済論『郷土愛の夢』だ。昨年、私を含め四人で抄訳し、『メーザー郷土愛の夢』（京都大学学術出版会）と題して発刊した。本邦初訳である。

原題は「パトリオーティッシェ・ファンタジーエン」で、旧来、「愛国者の幻想」「祖国愛の幻想」と訳されていた。私たちは、「祖国愛」は採用せず、北西ドイツの小領邦国家という身近な空間を思う感情を、端的に「郷土愛」と表現した。

そのうえで、「幻想」では、あやふやな感じがするので、〝素敵なものを実現したい〟という意味で「夢」と訳出した。日本語の「夢」には、実現をめざす目標の意もあると思ったのだ。

さて、メーザーは一七六六年、「オスナブリュック週報」を創刊し、八二年まで編集に携わった。司教領内の人びとを啓蒙し、その郷土愛を涵養するためであった。

諸問題に関する小論説を、他界する二年前まで紙上に掲載しつづけた。その小論説を編集したのが『郷土愛の夢』であり、娘のフォークツ夫人が刊行した。

ドイツ歴史学派の経済学者ロッシャーは、この小論説集を「十八世紀最大のドイツ経済学者」の作品として高く評価している。

論じられた問題は多岐にわたるが、メーザーのユニークな「国家株式論」について、ごく簡単に説明してみる。

まず確認しておきたいのは、オスナブリュックの真の主人公は、王侯貴族や官僚ではなく、「国民の真の構成要素」である農民（＝土地所有者）である、という彼の根本的な思想である。オスナブリュックの土地所有農民をフーフェ農民という。日本で言えば、江戸時代に、村落の基本階層をなしていた本百姓《ほんびゃくしょう》に当たるだろう。

メーザーは、フーフェ農民を基盤にした伝統的な土地制度の歴史を踏まえ、国家を次のように考えた。すなわち、国家は、いにしえの土地所有者たちが生命と財産とを守るために、始原的な社会契約によって形成した株式会社である、と。

彼は述べている。

「理想社会を一定の株式制度の上に打ち立て、その制度を詳細に規定することから構成員すべての権利義務を導き出したような哲学者を、私は知らない。」

「土地を所有し、土地所有の規模に応じて公的貢献をするような国民のことを、私は念頭に置いている。」

しかし、下僕や定住農民ではない寄留民（農村下層民、小商人、ユダヤ人など）は株式会社の構成員からはずされていて、そこにメーザーの時代的、社会的制約が認められる。メーザー思想のこの制約は、後年、ナチスの反ユダヤ主義に悪用された。

しかし、メーザーの偉大さをあらためて強調しておきたい。

ひとつは、多様性を重視したことである。啓蒙主義の弊害ともいえる抽象的な普遍化にたいして、伝統にもとづくその国ならではの固有性を重んじ、普遍主義にたいする歴史主義の優位を唱えた。

もう一点は、先述の通り、農民＝民衆を初めて主人公に高めたことである。ヨーロッパに成立したフーフェ農民というものの世界史的意義に光を当てた功績は不滅である。

社会経済の主体を、支配階級である王侯貴族ではなく、庶民＝農民に求め、さらに市民社会形成への道を示した点で、現代的意義は大きい。

これに関連して、メーザーの教育論が注目される。「勤勉と技能とは幼年時代から身につけねばならず、必須のものとなっていなければなりません」と彼は言う。勤勉さと技能がない人びとに、経済的な支援を「突然の慈善」として施しても、「一〇年も経たないうちにすべてが旧状に戻ってしまいます」と警告している。

メーザーの「勤勉と技能」はマックス・ヴェーバーの「勤労のエトス」の先駆である。それは現代のNGO（非政府組織）のありかたにも示唆を与える。アフガニスタンには武器や金銭の供与ではなく、現地の農民とともに井戸を掘る道がふさわしいと、メーザーなら言うであろう。

ゲーテの大作『ファウスト』で、主人公のファウスト博士が最後に語る「自由な土地に自由な民とともに住みたい」（相良守峯訳）という科白《せりふ》は、メーザーのフーフェ農民を基盤にした市民社会の理想を表現したものではなかろうか。

二、ヘイナル―ミッテラウアー線に照らしてみた日本

第二次世界大戦のあと、日本では農地改革、財閥解体、新憲法の発布を中心とする一連の重要な社会改革が実施されました。そのさい「近代的な」アメリカ合衆国が「封建的な」日本にたいして圧倒的な影響を及ぼしました。この意味では太平洋がヨーロッパにおけるエルベ川の役割を果たしたのです。☆1

しかし二十世紀後半における日本の東の間の経済的成功ののち、事態は変化しました。新たな国際関係があらわれてきました。すなわち、緊張の中心が日米間から日中間へと移動したのです。

☆1　エルベ川は歴史的ドイツを、封建的な東と近代的な西とに分かつ境界線をなすとされてきました。もちろん、エルベ川の役割を果たすには太平洋は広大すぎます。今日にいたるまで、アメリカ合衆国はたんに近代化のモデルとしてだけではなく、部分的には占領軍として受け止められています。この事情がとりわけ鮮明なのは沖縄県においてです。十五世紀に沖縄は琉球王国であり、シャムを含むアジア諸国にたいして開かれた貿易王国でありましたが、その農業制度は封建制前的なものでした。第二次大戦後、沖縄はアメリカ軍に占領され、一九七二年における本土返還ののちにもアメリカ軍は、安全保障条約のもと、一九六〇年の日米地位協定によって与えられた諸特権を享受しつつ存続しています。

排外的ナショナリズムの怪物が東アジアを徘徊しています。その焦点をなすのが尖閣諸島の領有権をめぐる紛争です。ここではこの紛争に立ち入ることはできません。ここでは、第二次世界大戦ののち、敗戦国日本がその領土の多くを失ったのちにも、尖閣諸島が日本領にとどまったことを指摘するにとどめます。中国の領有権要求が始まったのは、国連の調査によってこの諸島の周辺に膨大な海底資源が発見された一九七〇年代以降のことにすぎません。二〇一二年に日本がこれらの諸島を国有化したことにたいして、中国政府は過剰に反応しました。中国の海上保安船が日常的に島々の周辺を航行して、挑発的な仕方で中国の領有権を主張しています。

このナショナリズムは日中間の歴史的な対立のなかに深い根をもっているようです。東シナ海から日本海を通って一本の線、いわば極東のヘイナル－ミッテラウアー線[☆2]が走っていて、中国と日本とを隔てています（朝鮮半島は両者の中間形態をなしていますが基層社会は中国的と言えるでしょう）。先駆的にこのことを指摘したのは梅棹忠夫です。この断層線上にサミュエル・ハンチントンの言う文明の衝突を予感する人もいます。以下ではこの日中対立についての短い史的なコメントを試みましょう。

世界最古の高度文明のひとつが中国の黄河流域に繁栄しました。東アジアにおいてこの文明は世界の中心をなすものと自任し、国際秩序におけるその覇権的な地位を要求しました。のちの漢王朝期に冊封制度として知られるようになったのがそれであります。その見解によれば、中国人のみが文明国民（華夏すなわち繁栄を誇った夏王朝の後裔）であり、他の国民はすべて野蛮人（戎夷）です。儒教に支えられた聖なる天子たる中国の「皇帝」が他国民の「王」を任命し、これらの国王たちは感謝のしるしに国産の物品を貢納しなければなりませんでした。それにたいして皇帝は慈愛を込めてそれ以上の物品を恵み与えたのです。これが国際的に見た「オリエンタル・デスポティズム」の基本的な権力構造でありました。

聖徳太子はこの秩序に挑戦した最初の人であったとされています。七世紀の初め、「日いずる国」の天子たる聖徳太子は、「日没する国」隋の皇帝煬帝にあてて周知の書簡を送り、外交関係の樹立を求めました。彼は自らを天子と名乗り、国王とはしませんでした。聖徳は中国にたいして対等の関係を求めたのです。しかし煬帝はこの書簡を軽蔑しつつ受け取り、国際秩序のなかでは皇帝はただひとり中国の皇帝だけであるということを野蛮な日本人は知らないのだ、と述べたそうです。後年、十五世紀の初め、足利義満は明との交易を求めてしばらくのあいだ冊封体制を受容しました。そのために彼は七世紀の聖徳太子とは対照的に、永楽帝にあてた国書のなかで「日本国王、臣源」と名乗り、永楽帝もまた上から目線の鮮明な返書を返しています。琉球王国も十五世紀の明時代と十七世紀の清時

☆2　ロシアのサンクト・ペテルブルクと北イタリアのトリエステとを結ぶ線がヨーロッパの東限をなすという、歴史人口学からのJ・ヘイナルの説をM・ミッテラウアーが社会経済史学に適用したことから、比較社会経済史からのヨーロッパ理解のためのキー概念とされています。この線を「ヘイナル－ミッテラウアー線」と名づけたのはK・カーザーです (Karl Kaser, Macht und Erbe. Männerherrschaft, Besitz und Familie im östlichen Europa (1500-1900), 2000, S. 60-74.)。ヨーロッパの農村社会史を特徴づける基本的な二大社会集団のうち、農業奉公人から問題を提起したヘイナルを受け継いで、フーフェ農民について問題を深めたのがミッテラウアーですから、この命名は適切で正確なものでしょう。

代に冊封制度を受け入れています。

ところが十三世紀に、武士階級と土地保有農民に立脚する封建制度が、とりわけ東日本に発展します。日本は蒙古襲来による打撃を免れ、長期にわたって農業生産性を高めることができました。こうした発展は江戸時代に最高潮に達します（速水融の提唱する「勤勉革命」）。マルクスは日本における高度に発達した封建制について語りました。科挙制度や宦官制度は中国の家産官僚制の重要で、不可欠でさえある部分でありましたが、日本の支配階級は多くを中国に学んだにもかかわらず、この制度をけっして輸入しませんでした。それはウィットフォーゲルも指摘する通り、たんに日本の封建的発展にとってそれが不必要であったからにすぎません。

日本は十九世紀中葉の欧米の進出にたいして独立を維持し、さらに明治維新のあとの世紀後半に、政治制度の近代化を伴う相対的に成功したプロシャ型の資本主義発展を達成します。ヘイナル―ミッテラウアー線の西側にのみマルクスが見出したような種類の封建制から資本主義への移行をここに見出すことができるのです。これはアジアにおいてはユニークなことではないでしょうか。他のアジア諸国においては、市場経済にいたる主要な道筋は独裁制を通ずるものでありました。

だが日露戦争の勝利に酔いしれた日本は、アジアにたいして帝国主義的な拡張政策を展開するにいたり、多くの国々とりわけ中国に深刻な打撃を与えてしまいます。ユニークな日本史の汚辱となった日本帝国主義は、第二次世界大戦に敗戦してようやく終結します。日本は軍国主義を否定し、そして冒頭に述べた戦後改革が始まるのです。

中国では帝国主義からの解放は、一九四九年の毛沢東による共産主義国家の樹立と結びついていました。共産主義を成功させるために多くの試みがなされました。多くの試行の挫折ののちについに一九七八年、鄧小平は市場経済の導入を決断しました。さらに一九八九年、天安門広場において若い知識人たちが民主主義を要求したさい、中国政府はこの危険な傾向を遮断するべく、愛国主義教育の導入を決定しました。市場経済と愛国主義とが新たな国家原則となったのです。日本はこの排外主義的な愛国主義の標的とされました。歴史が組織的に政治目的に利用され、かつて天安門広場で中国のデスポティズムを批判した若い知識人たちは、一〇年後には日本「軍国主義」を罵倒する愛国主義者になったのです。さらに、伝統的な中華思想が近年の経済的成功と結びついて、東シナ海や南シナ海への進出を後押ししています。中国はフィリッピン、ヴェトナム、日本を犠牲にして大海軍国になろうとしています。この進出はJ・A・シュンペーターのいう隔世遺伝としての帝国主義、H・-U・ヴェーラーの言う社会帝国主義、と呼んでいいのかもしれません。「中華民族の偉大な復興」をめざす壮大な「一帯一路」構想や先軍政治を標榜する北朝鮮の核大国への発展は、その延長線上に表われた新たな動きです。

致命的な軍事的衝突はなんとしても避けなければなりません。けだし極東の平和は両国にとってだけではなく、世界全体にとっても重要だからです。日本はその近年の歴史を忘却しようとしてはならないのみならず、ヴェーラーやJ・コッカがドイツ帝国を批判したように、厳しくそれを批判しなければなりません。中国は第二次世界大戦にいたる日本帝国主義にたいして抗議する完全な権利を有します。だが中国は第二次大戦後、日本帝国主義がすでに崩壊してしまっており、日本軍国主義は抑圧されて久しいことを認識すべきでしょう。右翼の行動はつづくとしても、執拗な国際的挑発がつづかないかぎり、超高齢化し、E・トッドも指摘するような、それなりに成熟した近代社会をもつこの国でこれらの勢力が支配権を握ることはないでしょう。中国政府にはこの基本的な事実を自国民に知らせてほしいです。揺るぎのない国際平和を樹立しようと欲して歴史に学ぶためには、啓蒙された社会を両国において忍耐強く創り上げねばならないのではないでしょうか。

現代中国の目覚ましい経済的繁栄を達成した中国人民の勤勉は称賛すべきです。「ヨーロッパかぶれした」経済史家の常識はもっとも驚くべき挑戦を受けているのです。だがこの偉大な国民、この驚くほど長命の巨人は、たとえば劉暁波の告発に伺われるように、いまなお民主主義と市民的諸権利を奪われており、あの予測しがたいナショナリズムを支えています。

いずれにせよ日本を中国、朝鮮半島からへだてる東アジアのヘイナル－ミッテラウアー線は、軍国主義的対決ではなく、平和的共存（棲み分け）の線でなければならず、国際関係を律するものも、冊封体制のような、国家間の華夷的な上下関係を構造原理とする伝統的なイデオロギーではなく、国際法の近代的原理でなければならないと思います。

三、私はどのように大塚史学を受容したか

大塚史学というのは、いまから半世紀も前に大きな影響力をもった西洋経済史の研究者集団です。その特徴は二つあります。第一に、比較という方法を用いたこと。東大経済学部の大塚久雄（イギリス）、松田智雄（ドイツ）、社会科学研究所の高橋幸八郎（フランス）、鈴木圭介（アメリカ）、という四先生のカルテットにより、近代欧米の四か国が相互に比較されました。第二に、封建制から資本主義への移行過程が追求されたこと。当時進行中であった日本の、農地改革、財閥解体をはじめとする戦後改革の歴史的意義を解明するために、対応する欧米諸国における封建制から資本主義への移行と、その政治的画期である市民革命が解明されようとしたのです。このように大塚史学は、比較史的、移行論的な視点を特徴とする、いい意味で日本的な西洋経済史学派でありました。私は京都大学の学生時代にゼミナールで大野英二先生から大塚史学について教えられたことをきっかけに、その後、主として大塚先生と松田先生の業績から学びつつ、英独比較に立脚する、ドイツ資本主義の封建的―プロイセン的特質にかんする習作をものすることから出発しました。レーニンに由来する資本主義発展の二つの道論（「アメリカ型」と「プロシャ型」）は一世を風靡する基礎理論でありました。

ところで、その後、世界史は人びとの予見能力を超えて、きわめて大きな変貌を遂げつつあります。当初、二十世紀末には、ＥＵによるヨーロッパの経済統合の進展、西ドイツ主導の東西両ドイツの統一、ソ連社会主義の崩壊などが、近代民主主義の世界的展開に展望をもたらすかに見えたのですが、二十一世紀に入って急激な暗転が起こります。まず起こったのが二〇〇一年ニューヨークにおける同時多発テロで、つづくイラク戦争に触発されたイスラム原理主義の興隆は、西アジア、アフリカの部族社会に根をもつ軍事活動を活性化させ、地域社会を破壊し、難民問題を深刻化させました。次に中国を筆頭とするいわゆるＢＲＩＣＳ諸国（ブラジル、ロシア、インド、中国）の経済的台頭が挙げられます。とくに中国の経済的、軍事的、政治的な覇権国への発展（「中華民族の偉大な復興」＝「アジア的復古」）はきわめて重要です。壮大な「一帯一路」構想を通じて、明清王朝的な冊封体制が、新たな装いのもとに復活しようとしています。ウクライナ危機におけるロシアの役割も同様に特徴的です。東シナ海、南シナ海における中国やウクライナにおけるロシアの軍事的動向は、新帝国主義と言って良いものでしょう。さらに東洋的専制国家＝全般的奴隷制（マルクス）の特徴で際立つ北朝鮮の核強国への発展は、深刻な新リスクを意味します。

他方で、これとは対照的なのが米英、ＥＵ、日本の相対的な経済的政治的停滞です。ＥＵが参加各国の財政機構を温存したままで単一通貨ユーロを導入したことが、ギリシャの経済危機に示されるような、その構造的危機の根源にあることが、しだいに認識されつつあります。スティグリッツはユーロを「欠陥経済学と欠陥イデオロギーのごった煮である」と酷評しています。ユーロ危機と移民＝難民問題とはＥＵを脅かす悪夢となっています。かつて封建的後進性の典型国であったはずのドイツが、戦後西ドイツを中心に西欧化を遂げ、ユーロ導入を予期せざる追い風としていわば独り勝ちで経済的繁栄を達成し、いまやEUを主導するにいたりました。しかしギデンズはEUの民主主義の問題点(EU1、EU2の二重構造)を鋭く指摘しています。そしてその延長線上に起こったのがイギリスのEU離脱(BREXIT)であり、最後のかつ最大の事件が、二〇一七年アメリカにおける素人的なアマチュア政治家トランプ大統領の誕生であります。アメリカの「外見的立憲制への退行」が始まるのでしょうか。EUを批判する英米の衰退ぶりのほうがむしろ目立つのです。同様に、日本の福島原発事故も近代社会の生産力的基礎を問うという意味で、世界史的な意義をもつものです。多様化し激化する自然災害の多くは人為に媒介されて猛威を振るいつつあり、始まったばかりの二十一世紀を暗く彩っています。

さて問題は、このような世界史の変貌に直面して、われわれの近代西洋経済史研究をどのような方向へと発展させるかにあります。かつて六〇年安保を受けた吉岡昭彦氏の提言以降、山之内靖氏らかなり多くの人びとが対象時期を近現代へと移動させ、欧米近代社会の官僚制的化石化に批判的究明の焦点を当てました。しかしそれだけですむものでしょうか。大塚史学の何人かの人びとは英米仏独という枠を超えて、第三世界へと比較の枠組みを拡張しました。たとえば赤羽裕氏はアンシャンレジーム期のフランスからアフリカ研究に、松尾太郎氏はイギリスからアイルランド研究に移りました。宮野啓二氏はアメリカからラテンアメリカへと研究対象を拡張しました。そうしたなかで私自身も、ドイツからロシアへと関心を広げ、比較史の枠組みを従来の英独比較から、独露比較へと拡張しようと模索するにいたりました。ただ私の場合は、これらの人びととは異なって、比較史の新しい枠組みにたいする模索は同時に、移行論の新しい枠組みへの模索と結びついていたのです。すなわちレーニンのロシア革命に始まるソ連社会主義の歴史的性格を批判的に解明するという課題であります。すなわち、私の大塚史学にたいする批判的なかかわりは、比較史的、移行論的な大塚史学の外枠を受容しつつ、同時にそこに新たな世界史的現実に即応した新たな内容を盛り込むことにありました。つまり、（一）比較史のレヴェルでは従来の英米仏独に、新たに露を付け加えたこと、（二）移行論のレヴェルでは社会主義革命としてのロシア革命＝ソ連社会主義に始まり中国その他の第三世界に波及した現代社会主義の歴史的性格に新たな視線を送ること、であります。封建制以前の生産諸様式を視野に収めた、大塚先生の『共同体の基礎理論』（『著作集』第七巻）が出発点になりました。そしてマルクスのアジア的生産様式論やウェーバーの家産官僚制論やライトゥルギー論が導きの糸となったのです。とくにマルクスのアジア的生産様式論は、農民的「ロシア革命」に伴う「アジア的復古」にたいするプレハーノフの危惧を「農業綱領」（『レーニン全集』第十三巻）でレーニンが批判していらい、主として政治的な理由から長らくタブー視されてきたのですが、この理論のもつ大きな学問的可能性とりわけその今日的意義をおもうとき、これが無視され曲解されている現状を学問の立場から許されないものと思わざるをえませんでした。私はタブーを打ち破る勇気をもたないと、経済史をやる資格などないと覚悟を決めて、学界的孤立を恐れないで、アジア的生産様式論の現代的意義について考えてきた次第です（たとえば、マルクスのヴェラ・ザスーリチあての手紙を手がかりとした「アジア的生産様式から社会主義への飛び越し的移行」に関する未熟な問題提起など）。そのさい、二十年以上にわたってつづけてきた日タイ・セミナーを通じて、チャティップ・ナートスパー、クリス・ベーカー、パースク・

ポンパイチットらタイの研究者がこの問題を自由かつ多様に論じているのを知り、どれほど勇気づけられたことでしょうか。ことこの問題に関するかぎり、タイの学界のほうが日本の学界よりもはるかに自由であると思います。タイの伝統的な土地制度であるサクディナー制の把握をめぐって、タイのレーニンともいうべきチット・プーミサックを彼らは闊達に批判しています。これとは対照的な、彼らの作品の日本語訳にさいする日本人研究者の知的退廃については、拙著『比較史のなかのドイツ農村社会』で触れました。小谷汪之氏によるマルクスのアジア的生産様式論批判は教条主義のにおいが強く、代案として提起されたレーニン主義的な近代インド史像は貧困なもののように思えます。私にはタイ人研究者のサクディナー制分析のほうがはるかに魅力的です。山之内靖氏もマルクス・エンゲルスの世界史像を論じましたが、晩年のマルクス、エンゲルスを「レーニンや毛沢東の源流」として解釈することに腐心したために、その世界史像は不鮮明で底の浅いものとなっています。このような例は枚挙にいとまがないでしょう。

その後、『ウェーバー全集』の進行に伴い、それを底本として彼の『ロシア革命論II——ロシアの外見的立憲制への移行——』を鈴木健夫、小島修一、佐藤芳行の三氏と協力して訳出する機会がありました。そこでウェーバーは一九〇五年の第一次ロシア革命について、レーニンとのあいだできわめて興味深く重要な論争を行なっています。当時、革命を主導したカデット党の悲劇的な運命を見据えながら、農民的ナロードニキ諸派にたいして根底的に懐疑的であったウェーバーに、「アジア的復古」を恐れたメンシェヴィーキのプレハーノフにはるかに通ずるものを見出しました。ちなみに「アジア的復古」論はウィットフォーゲル『オリエンタル・デスポティズム』によって受け継がれました。池田嘉郎氏の近著『ロシア革命』も、ロシア自由主義者の挫折を扱うことによって、この問題を新たによみがえらせています。ウェーバーは『古代社会経済史』の末尾で、現代社会の官僚制的劣化について言及していますが、たんにそれだけではなく、同時にそれがローマ帝政末期的な、あるいは古代エジプトの新王朝ないしプトレマイオス王朝的な特徴を伴っていることをも指摘しています。彼はライトゥルギー国家の現代的復活の可能性について語っているのです。そしてその後、晩年の彼は「世界宗教の経済倫理」において、アジア的諸社会の宗教社会学的分析に入っていくのです。

ともあれこのようにして、「アジア的復古」としての現代社会主義のイメージが、私のなかで次第に明確化してきたのです。

私はまた『東エルベ・ドイツにおける農業労働者の状態』を抄訳し、関連する初期ウェーバーの農業諸論考と内外の研究史を検討する機会を得ました。そして彼が内地植民に関する政策提言においてクナップからもっとも規定的な影響を受けていたことを確認したのですが、半世紀前の研究者たちは逆に、若きウェーバーに歴史学派と対立しつつ「アメリカ型」資本主義をドイツに勝ち取ろうとする闘士の歩みを読み取ろうとしていました。戦後啓蒙の時代精神に掉さそうとして、無理な解釈が積み重ねられたのです。

たしかに大塚史学におけるレーニン的契機（資本主義発展の二つの道論、「アメリカ型」資本主義論）は封建制から資本主義への移行という問題領域において偉大な索出力を発揮し、戦後期に一世を風靡する影響力を獲得した一要因となったのですが、しかしそれは同時に後継者たちがアメリカ型論あるいはそのいくつかのヴァリエーションにたいして、今日にいたってなお、無意識のうちに過大な役割を与え、いわば教条化し、前述のような初期ウェーバーの誤読にとどまらず、その後の世界史の新たな多様な動向に対応することを困難にする、不自由さと狭さと硬直を生む要因ともなったのではないでしょうか。

この点に関連して大塚先生は、学問研究に求められる自由な精神について、次のように指摘されています。

「学問の営みの奥底では、すぐれて自由な精神が営みのすべてを支えていると言うことができるであろう。この点を確認しておくことは重要である。というのは、そうした自由な精神と姿勢が失われてしまったばあいには、学問の営みはいつしか、つねにより高くへとよじ登ろうとする歩みを止めてしまい、逆に、いかなる新しい事態に直面しても、それに目をつむって伝来の正統理論を固執するばかりでなく、ただそのことによって自分の立場の正しさを示そうとするような、およそ学問の精神とは対蹠的ないわばパリサイ主義が生まれてくることにもなるからである。

実際、学問の精神はこのように、たえず現状をこえて、より高く、さらにより高く、よじ登っていこうとする営みのなかでこそ、もっとも自由に、生き生きと現われてこなければならないし、また、現われてくるのである、そこでは、方法に伴うきびしさはもちろんのこととして、さらに、胸をふくらませるようなヴィジョンと知るよろこびが学問の営みに付け加わってくるばかりではない。学問の精神のうちにひそむ、真実に対しては幼な児のようにすなおに頭をたれる謙虚さと誠実、そして同時に、いかなる種類の権威をも力をも恐れず、いかなる困難にもめげない勇気、そうした真に自由な精神が、そこでこそ最大限に要求されることになるのである。」（大塚久雄「学問の精神」、『著作集』第九巻、二三

七頁）

私は比較史的、移行論的な大塚史学の方法論的な外枠からだけでなしに、このような大塚先生の自由を重んずる学問の精神からこそ学ばねば、と願っているものです。

ともあれ、端的に言って、一方における英米近代のたそがれとドイツを主導国とするＥＵの困難、他方における中華帝国、ロシア帝国の復活、カリフ帝国の復活をめざすイスラム原理主義の復活、とりわけ核武装した専制国家・北朝鮮の出現、の二局面の同時進行という二十一世紀の新事態を、比較史的、移行論的見地から、注視しなければなりません。

かつて福澤諭吉はその主著『文明論之概略』において、ギゾーやバックルについて西洋文明から深く学びつつ同時に、帝国主義的西洋と儒教的アジアとのせめぎ合いのなかに日本を位置づけて、その危機を論じました。古きは良し！「封建的危機」の克服を課題とした大塚史学がかつて開発した、ユニークな一国史的な西洋経済史学は、今日、アジアとその多様性をも十分に視野に収めた、世界史的危機の時代のヨーロッパ経済史学として再構築されねばならないのではないでしょうか。ウェーバーに立脚したミッテラウアーのヨーロッパ史把握や、湯浅赳男氏の『オリエンタル・デスポティズム』を中軸とするウィットフォーゲル研究における「流れに抗する」学問の精神は、範例をなすと言っていいでしょう。

われわれの学問的営為における深さ＝専門的研究に求められる史料的根拠の偏重と、広さ＝主体的に選んだはずの自己の研究テーマの射程距離あるいは現実的意義にたいする相対的な無関心（没意味化）との、現今の極端なアンバランス（戯画化して言えば「些末実証主義」）は是正されねばなりません。現実感覚＝危機意識に支えられることのない「精神のない専門家」のギルド的支配をこそ問題とするべきでしょう。野崎敏郎氏によって最近改訳されたウェーバー『職業としての学問』が、この問題状況にたいして示唆を与えてくれることでしょう。

あとがき

小著は、前著『比較史のなかのドイツ農村社会――『ドイツとロシア』再考』（二〇〇八年）につづく、農民の存在様式を手がかりとするドイツとロシアとの史的比較に関する私の研究の最後のものであり、論説を二点、翻訳を二点、エッセイを三点収めた。

Iはドイツ農民論、IIは独露比較論を主題とし、それぞれにおいて論説が同時に翻訳の解説にもなることを期待した。IIIは関連した小文である。

私の貧しい学問的歩みについては、すでに前著に収めた小論「フーフェとドヴォール――比較経済史の現代的可能性――」および、本書に収めたエッセイの三「私はどのように大塚史学を受容したか」において回顧しておいたが、それらを補足する意味も込めて、小著に収められた作品について、論説を中心に、必要と思われる説明を付け加えることによって、あとがきに代えたい。

これまで私の独露比較論のなかでハックストハウゼンは重要な地位を占めてきたが、本書ではむしろメーザーが主役を演じている。私の中心テーマである独露農民比較論の体現者はハックストハウゼンであるが、彼はその初期作品によって「メーザーの再来」と評価されている。いったいハックストハウゼンはメーザーから何を受け継いだのであろうか。ハックストハウゼンは独露比較に当たり、ドイツのフーフェ制村落共同体（散居制農場制度と集村との双方を含む）を株式会社（コルポラツィオン）、ロシアのミール共同体を組合（アソツィアツィオン）と特徴づけた。ハックストハウゼンは国家株式会社論をメーザーから受け継いだのではないか。こうして私はメーザーの国家株式論に焦点を合わせ、この点に関するメーザー研究文献を渉猟し、若い友人たちと協力してメーザーの経済論たる『郷土愛の夢』を抄訳した。（昨年ドイツで刊行されたメーザー入門書 Lesebuch Justus Möser, zusammengestellt von Martin Siemsen, Köln 2017, S. 150 には、坂井榮八郎『ユストゥス・メーザーの世界』と本書について、「二点の日本語によるメーザー・アンソロジー」として言及されている。）本書についてはまずエッセイの一「ゲーテが敬愛した文人政治家メーザー」をご覧いただきたいが、この『郷土愛の夢』に付けた訳者解題を二度にわたって改稿したのがⅠの論説である。

メーザーは王侯貴族ではなく働く民衆たる農民を初めて歴史の主人公にたかめ、そのさい共同体株であるフーフェを所有する農民が始原的な社会契約によって形成する株式会社が近代国家であるとした。フーフェ農民（メーザーにあっては散居制農場農民）は財産と名誉に恵まれ、勤勉と公共心＝郷土愛とによって安定した豊かな社会をつくるのである、と。ゲーテふうに言えば、生涯の最後にファウストが夢見た、押し寄せる北海に立ち向かって美しい干拓地を造り上げる「自由な土地の自由な民」である。

反面、フーフェ農民には始原的に奉公人が随伴していた。一子相続制のもとで兄弟が分裂し、相続権者たる長男と非相続権者たる次三男とが、それぞれに農民と奉公人になったのである。彼ら奉公人は共同体株式の非所有者であり、財産と名誉から切り離された存在である。発生史的視点に立つ歴史地理学が解明した北西ドイツの農村定住史は、中世以来の奉公人の農民（ただし下層農民）への上昇努力の歴史である。しかし十八世紀になるとこの努力も限界に達し、ホイアーリングと呼ばれる農村プロレタリアートが出現する。フーフェ農民の再建によって七年戦争後のオスナブリュックの復興をめざすメーザーにとって、彼らは厄介な存在であった。郷土愛に欠けたプロレタリアートの農村からの追放をメーザーは提案する。こうしてメーザーにあってはフーフェ農民を対象とする市民権が、奉公人をも含む人権に優越することとなる。この市民権と人権との関係はじつはヨーロッパ史の根底にかかわる難問であって、ロックが曖昧に、ルソーが抽象的にしか扱いえなかったものであるが、メーザーはオスナブリュックの現実にたいする危機感あるいはむしろ過剰な危機感(本論説註31)からこれを明快に解決したのである。

ハックストハウゼンのドイツ農民論は原題を「キリスト教的－ゲルマン的王国の有機的諸身分――ドイツの農民身分について――」といい、メーザーから受け継いだ北西ドイツ農民論を出発点として、全ドイツを三大地域に分けてそれぞれの農村社会の特徴を解明している。そしてとりわけ、プロレタリアート過多のイギリス、ジャコバン主義のもと農業が営業化したフランスの農村社会と比較して、ドイツの農村社会の相対的健全さは大中小の土地所有の有機的結合およびとりわけ農民身分の存続のゆえにであると指摘している。ドイツ農民社会のコルポラティーフな性格を解明した本論は、のちの独露比較の出発点をなすものである。

ところでメーザーが私にとって重要である理由がもうひとつある。それは小林昇が古典ともいうべきそのフリードリッヒ・リスト研究のなかで、『農地制度論』を基軸作品として重視し、しかもそれがメーザー思想に根底的に影響されていると同時にゲオルク・ハンゼン等を通じて、ナチスの農相ダレーに影響したと示唆したことである。これにたいして近年諸田實が晩年のリストの研究を通じて慎重な疑義を提起した。行動の人リストは『農地制度論』を含む自己の経済学体系の完成よりも、主著『経済学の国民的体系』の主題にかかわる『関税同盟新聞』の活動のほうを重視したのではないかというのである。リストにあっては農民問題はメーザーやハックストハウゼンにおけるような中心的な差し迫った重要性を帯びていないのか。たしかにかつて私自身も確認したように、自由貿易論の宣教師ジョン・バウリングと闘ったリストは関税同盟の防衛を差し迫った課題としていた。——私のすぐそばで起こった両巨匠の緊張をはらんだ対話に私は揺り動かされた。メーザーの農民論に関心をもつ者として、これにたいして発言することは、私の義務ではないか。こうしてメーザーの農民論とその後世に及ぼした影響の検討が必要となった。しかもこの場合には、リストに及ぼしたメーザーの影響と同時に、ヘイナルやミッテラウアーが受け継いだようなメーザー的農民論の光の部分だけではなく、ナチスの農相ダレーに引き継がれたような影の部分についての検討が要請されたのである。

ハックストハウゼンにおいて、プロレタリアートにたいする恐怖はメーザーとは異なった国際比較のなかに示されている。翻訳Iの二より一五年後の翻訳IIの二はそのことを示している。株式会社（コルポラツィオン）としてのドイツの村落共同体はプロレタリアートを産むが、定期的土地割替えを行なう組合（アソツィアツィオン）たるミール共同体をもつロシアはその脅威から免れている、と彼は言う。シメーザーを経済学者として高く評価したロッシャーの門下からは、有力な農本人口論者が育った。シュモラーはメーザーの国家株式論に言及しつつ、十九世紀末のプロイセンの内地植民政策の理念を語った。内地植民政策＝東部国境閉鎖に関連して、スラヴ系の移動労働者によるドイツ人農民の駆逐を指摘した初期マックス・ヴェーバーの「駆逐理論」(Verdrängungstheorie) はいわば問題の国際化を意味する。ハンゼンら農本人口論者たちはこぞって内地植民政策を推進した。そして最後に北西ドイツの農民に基盤をもつダレーの世襲農場法が登場するのである。彼らにとっては農場農民・集住農民対プロレタリアート・ユダヤ人という二分法が規定的であった。

一方、エンクロージュアつまり村落制から散居制農場（ホーフ制）への移行政策とハンガリー植民論との結合体を主要な内容とするリストの構想は、北西ドイツ的なメーザーを受容するユニークないわば南ドイツ的形態という印象を与えるのである。リストはたしかにメーザーの国家株式論に注目はしたが、とりわけメーザーを悩ませた市民権と人権との関連の問題（あるいは「寄留民の理論」）がリストにあっては少なくとも明示的には存在しない。プロレタリアートの脅威は当面はなおイギリスのものであって、リストの郷土のものではない。

メーザーとリストの農民論の背景をなす、一子相続制の北西ドイツと分割相続制の南ドイツとの相違が顧みられるべきではなかろうか。

メーザーの『郷土愛の夢』に含まれた農民論を先駆的に紹介し、しかもそれのダレーへのつながりを指摘した小林の学問的な功績は不滅である。しかし肝心のリスト『農地制度論』の位置づけについて言えば、私の結論はIの論説の註51のほかとくに以下に示したとおりである。

小林にはメーザーの農民世界について、マイツェンに由来する、研究史的に制約された複雑な誤解があったと思う。

小林はウェーザー左岸のヴェストファーレンを始原的にケルト的散居制地帯とみたマイツェンの説を受け継いだウェーバー『一般社会経済史要論（上巻）』（六〇—六二頁、七四頁）に依拠しつつ、メーザーがもともとはこうしたケルト的な孤立農圃に対立する古ゲルマン的な聚落生活のなかに「古ゲルマンの農民の自由と独立との基礎を見」出だした（『著作集』VI、三〇〇―三〇一頁、VIII、四七六―四七七頁）とし、そのうえで、のちに「農場制度そのものの先駆的提唱者」といういわば新境地にいたったとした（VI、二六二頁、二六八頁）。

しかしながら、じつはマイツェンによって例外的でケルト的であるとされたヴェストファーレンの散居制農圃（ホーフ）を、マイツェンに先立ってメーザーやハックストハウゼンはむしろ「純ゲルマン的」としたのであった（この点についてはドプシュが、メーザーは「ヴェストファーレン地方のアインツェルホーフを原初的な定住形態として説明し、ドイツの愛郷者として自分の故郷の歴史を叙述したのである」と的確に指摘している。『ヨーロッパ文化発展の経済的社会的基礎』二二、二九二、三九二頁を見よ。同様にベロウも「ドイツの孤立農家をケルト起源とすることは下ライン＝ヴェストファーレン地方がとくにケルト的地方（ケルト人が遥かに稠密に居住した中流ライン、マイン河地方等とは反対に）と見なされぬゆえに、またさらにケルト人自身とくに孤立農家を偏重したとは見られぬゆえに、許されない」と明確に述べている。（『ドイツ中世農業史』二五頁）しかもこの農場（ホーフ）制度は、ハックストハウゼンの「ドイツ農民論」に見られるように、けっして民族的閉鎖的なものではなく、北海を囲む広大な地域を包摂する国際的視野のなかに位置づけられていたのである。メーザーが「古ゲルマンの農民の自由と独立との基礎を見」出したのは、この往時の孤立農圃＝農場制度の生活のなかにであった。そして後年ミュラー―ヴィレを中心とする発生史論的な歴史地理学が静態的なマイツェンの批判から出発しつつ解明した北西ドイツの農場制度を、十八世紀のメーザーは当然にも所与のものとして受け止め、それを退廃から救出しようとしたのである。（たとえば拙訳『郷土愛の夢』作品八を見られたい。そこでは冒頭に「いにしえのドイツ人」の農場定住農民の良き時代について印象的に語られている。また小林が論じた作品一四、一五、一七（『著作集』VI、二六三―二六五頁）はいずれも、まさしく保守的な政策担当者としてのメーザーの、歴史的に所与のものとしての北西ドイツの農場制度を危機から救出するための政策論であって、けっして「農場制度そのものの先駆的提唱者」としてのそれではなかった。以上については前掲訳書所収の、山崎彰の解説論文「『郷土愛の夢』における農民政策論――北西ドイツ型農村社会の危機との関連で」をも参照されたい。）

アルカイックなかつての孤立農園が時代とともに新たな意義をもつにいたったとするリストの認識（VI、三〇二―三〇三頁、VIII、四七七頁）はきわめて興味深いが、メーザーのものではなかろう。一子相続制の弊害に苦しむ北西ドイツと異なる、分割相続制の弊害に悩む南ドイツの現実がリストに投影していたのではないだろうか。

マイツェンのケルト説についてはHartmut Harnisch, August Meitzen und seine Bedeutung für die Agrar- und Siedlungsgeschichte, in: *Jahrbuch für Wirtschaftsgeschichte* 1975/I とくに S. 107を見られたい。そしておそらく、マイツェンのケルト説とともに、パラダイムとしての大塚史学の資本主義成立史論が、メーザー農民論の把握にさいして索出手段として果たしている役割の多角的な検討もまた課題となるのであろう。

ハックストハウゼンに戻ろう。論説IIの一に示した彼のロシア旅行を通じて、彼がメーザーから受け継いだドイツ農民社会にたいする深い認識が、ミール共同体を見る鋭い目を養ったのである。彼は「ロシア旅行記」(原題は「ロシアの内部事情、民衆生活ならびにとりわけロシアの農村制度に関する研究」)の序文(本書IIの二)のなかで、ドイツ＝ヨーロッパ諸国を「封建国家」、ロシアを「家父長制国家」と特徴づけて、「この単純な命題は計り知れないほど重大な諸帰結を内包しており、本質的な意味でロシアの国家的、社会的な状態のほとんどすべてを解き明かしてくれる」と自負している。まことにヨーロッパ人ハックストハウゼンによるミール共同体の「発見」は、ロシア人ヴィノグラードフによるイギリス中世のヴァーゲイト制度の「発見」と好一対をなす「異文化交流」の成果であった。

少なくとも次の二つの巨大な問題領域において、ハックストハウゼンは先駆者としての地位を占めていると言っていい。

1、歴史的ヨーロッパの東限に関するヘイナル、ミッテラウアーの問題提起。中世ヨーロッパ以来の特徴的な農業奉公人はヘイナルによってその勤勉と結婚行動の特徴という光の相によって注目され、世界史的に見て、ロシアのサンクト・ペテルブルクと北イタリアのトリエステとを結ぶ線の西側にのみ出現したとされた。ミッテラウアーはそれを受けて、この線をフーフェ制によって特徴づけられる歴史的ヨーロッパの東限であるとした。この線はカール・カーザーによって「ヘイナル―ミッテラウアー線」と命名された(本書、エッセイ二の註2)。ハックストハウゼンの「封建国家」vs「家父長制国家」という二分法は地理的に見てヘイナル、ミッテラウアーのヨーロッパ東限把握と重なり合うのである。

2、マルクスのアジア的生産様式論。ヘイナルやミッテラウアーとは逆に、ハックストハウゼンはヨーロッパを脅かすプロレタリアートにたいする過剰な恐怖感から、それを産まないミール共同体を賛美し、ロシアのナロードニキに霊感を与えたのであった。晩年のマルクスに宛てたヴェラ＝ザスーリチの周知の手紙は、ミール共同体にたいする期待感という一点においてハックストハウゼン的である。そしてマルクスの周知の返書は、『資本論』の原畜論はロシアには当てはまらないというものであった。マルクスにとってロシアはアジア的生産様式の世界だったのである。

市民身分論では、ドイツ的な商人精神（Kaufmannsgeist）とロシア的な小商人根性（Krämergeist）との対比が目につく。これもまたきわめてメーザー的である（論説Iの註28）。クレーマー批判はダレーにあっても鮮明である（同上註49）。

ミール共同体の土地割替えを論じた個所は、しばしば引用されるもっとも有名な部分である。ゲールケはそれを土地割替えの「基本的モデル」であるとしている（Carsten Goehrke, Die Theorien über Entstehung und Entwicklung des "MIR", 1964, S. 19, Anm. 64）。

エッセイの二は、タイの友人であるチュラロンコーン大学チャティップ・ナートスパ――名誉教授の生誕七二年記念論集に寄せた拙稿 From the Elbe to St. Petersburg-Trieste Line (the Hajnal-Mitterauer Line): A Shift in the Viewpoint of Comparative Socio-Economic History.（これは前掲拙著の序の英訳である）の最末尾に新たに追加した部分を和訳し、エッセイふうに書き改めたものである。梅棹忠夫のあとを追っているが、生態史観ではなく社会経済史的である点が異なっている。

エッセイの三は、大塚久雄「学問の精神」からの引用とマルクスのアジア的生産様式論にたいする私見を中心に、書き加えた。かつてベロウは、ハックストハウゼンもその流れに掉さした原始共産制理論の盛衰を論ずるなかで、類推に頼る比較経済史の危うさを指摘し、実証史学の優位を主張した（Georg von Below, Probleme der Wirtschaftsgeschichte, 1926, Kap. 1）。しかし時代はめぐって、いまや正反対の状況があらわれている。比較経済史にかかわるグランド・セオリーは影をひそめて、没意味化した実証史学の成果が世を覆っている。マルクスのアジア的生産様式論は完成度の低いトルソーにすぎないが、二十一世紀の東アジアのアクチュアルな経済史的現実にかんがみて復活さるべき重要なグランド・セオリーのひとつではなかろうかと思う。かつてメーザーやハックストハウゼンを脅かしたプロレタリアートが現在、難民問題に姿を変えてEUを揺るがしている反面、世界的覇権を志向する中国や新たな核強国北朝鮮を支柱として発展しつつある現代社会主義は、プレハーノフの言う「アジア的復古」として解釈しうるからである。

本書は独露の経済史的比較に関する私の最後の作品である。関心ある少数の読者のご批判を仰ぎたいものと願っている。

拙著は幾人もの人びとの直接間接のご助力に負っている。

とりわけ小林昇、諸田實の両先生に導かれて、メーザーの世界の入口に立つことができた。

服部正治氏は小林先生のご逝去にさいして、水田洋先生とともに先生をお見送りするという忘れがたく貴重な機会を与えられた。

チャティップ・ナートスパー氏、パースク・ポンパイチット゠クリス・ベーカー氏と日タイセミナーの皆さんからは、とりわけタイのサクディナー制について教えられ、視野を広げることができた。

坂井榮八郎氏とメーザー研究会の諸兄からは、メーザーについて独学では得られないであろういくつものことを学ばせていただいた。

川本和良氏には京大の学生時代いらい変わることなくご交誼いただいている。

高橋哲雄氏はかねてより、私の貧しい学問的営為に理解と共感とを寄せられた。

鈴木健夫氏と小島修一氏は、長年にわたるさまざまな形態の共同研究における無二の共働者であられた。

ビーレフェルト市民であるハインツ・キュッセル、御文篁キュッセルご夫妻は私のドイツにおける研究活動をいろいろな仕方で支援してくださった。

東大、横浜国大ならびに立教大の経済学部肥前ゼミOB会の諸君は定期的、不定期的な飲み会その他を通じて、いまも老教師を励ましてくださっている。

これらの皆さんに心から感謝したい。

未來社の西谷能英社長にはこのたびもお世話になった。未來社との半世紀にわたるご縁を改めてありがたいことと思っている。

最後に、かつて困難な経済事情のもとで、研究者の道に進むことを寛容にも認めてくれた泉下の両親に、この拙い著作をささげたい。

二〇一八年酷暑の夏に

肥前　榮一

初出・原テキスト一覧

(論説) I、一、『立教経済学研究』第六五巻第二号、二〇一一年

II、二 伊坂青司・原田哲史編『ドイツ・ロマン主義研究』御茶の水書房、二〇〇七年

(翻訳) I、三、August von Haxthausen, Die organische Stände der christlich-germanischen Monarchie. Vom deutschen Bauernstande. In: Berliner Politisches Wochenblatt, 1832, Nr. 3 (21. Jan.) S. 16-18; Nr. 5 (4. Feb.) S. 29-30u. Beilage S. 31; Nr. 7 (18. Feb.) BeilageS. 41u. S. 42-44; Nr. 45 (10. Nov.) S. 286u. Beilage S. 287u. S. 288; Nr. 46 (17. Nov.) S. 291-292u. Beilage S. 293u. S. 294; Nr. 47 (24. Nov.) S. 296-298; Nr. 48 (1. Dez.) S. 301-304; Nr. 49 (8. Dez.) S. 309.

II、三、August von Haxthausen, Studien über die innern Zustände, das Volksleben und insbesondere die ländlichen Einrichtungen Rußlands, Erster Theil und Zweiter Theil Hannover 1847; Dritter Theil Berlin 1852. (Neudruck, Hildesheim, New York, 1973.) Erster Theil, Vorwort S. I-XVI; S. 62-68; S. 124-138; S. 156-157.

(エッセイ) III、一、「聖教新聞」二〇一〇年一月十日

二、A Comment about Nationalism in the East-Asian Region: A New Factor in the Shift from the Elbe to the Hajnal-Mitterauer Line in Japan. In: Duai Rak. (With Love). Collected Essays.

Festschrift for Professor Emeritus Chatthip Nartsupha on Occasion of his 72nd Birthday, vol. 1: Philosophy and Essence of History and Social Science, edited by Chatthip Nartsupha, Bangkok 2013, pp. 189-196.

三、梅津順一・小野塚知二編著『大塚久雄から資本主義と共同体を考える——コモンウィール・結社・ネーション——』日本経済評論社、二〇一八年

著者略歴

肥前榮一（ひぜん・えいいち）
1935年、神戸市生まれ。
1962年、京都大学大学院経済学研究科博士課程修了。
東京大学名誉教授。

著書――『ドイツ経済政策史序説――プロイセン的進化の史的構造――』（未來社、1973年）、『ドイツとロシア――比較社会経済史の一領域――』（未來社、1986年［新装版、1997年］1986年日経経済図書文化賞受賞）。『比較史のなかのドイツ農村社会――『ドイツとロシア』再考――』（未來社、2008年）。

訳書――ローザ・ルクセンブルク『ポーランドの産業的発展』（未來社、1970年）、マックス・ヴェーバー『東エルベ・ドイツにおける農業労働者の状態』（未來社、2003年）。

共訳書――ジョージ・バークリ『問いただす人』（東京大学出版会、1971年）、ハンス－ウルリッヒ・ヴェーラー『ドイツ帝国1871-1918年』（未來社、1983年［復刊、2000年］）、G. アムブロジウス／W. ハバード『20世紀ヨーロッパ社会経済史』（名古屋大学出版会、1991年）、ユルゲン・コッカ『歴史と啓蒙』（未來社、1994年）、マックス・ヴェーバー『ロシア革命論II――ロシアの外見的立憲制への移行――』（名古屋大学出版会、1998年）、ユストゥス・メーザー『郷土愛の夢』（京都大学学術出版会、2009年）。

独露比較農民史論の射程
——メーザーとハックストハウゼン

発行————二〇一八年九月十日　初版第一刷発行

定価————本体三二〇〇円＋税

著　者————肥前榮一

発行者————西谷能英

発行所————株式会社　未來社
東京都文京区小石川三—七—二
電話　〇三—三八一四—五五二一
http://www.miraisha.co.jp/
email:info@miraisha.co.jp
振替〇〇一七〇—三—八七三八五

印刷・製本————萩原印刷

ISBN978-4-624-32174-1 C0033

（消費税別）

肥前榮一著
比較史のなかのドイツ農村社会
〔『ドイツとロシア』再考〕日経経済図書文化賞受賞作『ドイツとロシア』以後のドイツとロシアの農村社会をめぐる諸論考を収録したヨーロッパ比較社会経済史の碩学による一大研究成果。　四五〇〇円

肥前榮一著
ドイツとロシア
〔比較社会経済史の一領域〕ドイツのフーフェ、ロシアのドヴォルを軸に共同体の独露比較を行なうことによって、ミール共同体の歴史的性格、帝政ロシアの社会構成の特質を解明する。　六五〇〇円

肥前榮一著
ドイツ経済政策史序説
〔プロイセン的進化の史的構造〕近来のめざましいドイツ産業革命史研究の成果をふまえつつ、ドイツ産業革命におけるドイツ的形態を抽出しようとするの若き日の著者の野心的労作。　四八〇〇円

マックス・ウェーバー著／肥前榮一訳
東エルベ・ドイツにおける農業労働者の状態
農業労働制度の変化と農業における資本主義の発展傾向を分析。エンゲルスの『イギリスにおける労働者階級の状態』とも並び称される、初期ウェーバーの農業労働者研究の中心。　二八〇〇円

ハンス－ウルリヒ・ヴェーラー著／大野英二・肥前榮一訳
ドイツ帝国　1871-1918年
「社会史」というドイツ史学の新潮流を代表するヴェーラーの主著。一八七一年以来のドイツ帝国の歴史と、悲劇的な結末をもたらしたナチズムとの連続性を克明な分析によって解明。　五八〇〇円

ユルゲン・コッカ著／肥前榮一・杉原達訳
歴史と啓蒙
現代ドイツの歴史社会科学を代表する論客の、〈構造史〉と〈日常史〉の結合による新たな〈社会史〉の確立をめざし、歴史学方法論に一石を投じるアクチュアルでポレミカルな論集。　三五〇〇円